科技与社会

潘建红 等 编著

图书在版编目(CIP)数据

科技与社会/潘建红等编著.—武汉:武汉大学出版社,2020.12
ISBN 978-7-307-21894-9

Ⅰ.科…　Ⅱ.潘…　Ⅲ. 科学社会学—研究　Ⅳ.G301

中国版本图书馆 CIP 数据核字(2020)第 214188 号

责任编辑:聂勇军　　　责任校对:李孟潇　　　版式设计:韩闻锦

出版发行:**武汉大学出版社**　(430072　武昌　珞珈山)
(电子邮箱:cbs22@ whu.edu.cn 网址:www.wdp.com.cn)
印刷:武汉中科兴业印务有限公司
开本:720×1000　1/16　印张:13.75　字数:217 千字　插页:1
版次:2020 年 12 月第 1 版　　2020 年 12 月第 1 次印刷
ISBN 978-7-307-21894-9　　定价:40.00 元

目　　录

第一章 科技与社会引论

现代科技与社会相互作用和发展具有复杂性，解决好科技与社会在动态上的真正统一与和谐发展问题，已成了全人类面临的一个严峻而紧迫的重大课题。一方面，时代要求人们关注科技与社会互动的问题，提高人们对科技与社会问题的认识；另一方面，需要在科技发展与社会进步的冲突中保持科技与社会的良性互动。

第一节 科技引发的社会问题凸显

随着现代科学技术的飞速发展，科学技术带来的社会问题引起了人们的普遍关注。一方面，人类已经实实在在地享受着科学技术带来的成果，科学技术的发展也给人们带来了很多的便利，另一方面，人们也恐慌地看到了相伴而来的一些严重的社会问题，这些问题包括环境污染、资源短缺、生态破坏、核武器等。毫无疑问，科学技术的发展对人类社会也提出了全新的挑战，而高科技前沿的生物技术、大数据技术及人工智能技术等则更给人类社会带来了强烈的冲击。

一、现代科技与社会的关系问题是亟待解决的课题

近代以来，科技的巨大功能使得人类对科技产生了崇拜与无止境的追求，科技文化与人文文化的分裂成了科技时代的严重问题，对人们产生了很大的影响。在深刻的社会发展背景下，现代科技的力量已经征服了人类的灵魂，人们

沉醉于科技发展带来的物质文明的成果之中，享受着科技带来的便利，却没有或不愿去自省或反思自己，导致人类面临的一些社会问题大量出现，这些问题与人类自身如影随形。科技引发的社会问题能不能有效规避？科技与社会的发展到底走向何处？如何保持现代科技与社会的良性互动？这些问题引起了人们的广泛关注与深刻反思。面对科学技术所带来的各种社会问题与社会风险，出现了不同的观点，一些人主张重回崇拜自然的原始时代。人类从浪漫主义开始，就有拒绝一切技术，回到原始状态的呼吁。① 卢梭也曾主张彻底抛弃科学技术而回归自然，他认为："人类生来就是为了永远停留在这样的状态（自然状态），这种状态是人世的真正青春，后来的一切进步只是个人完美化方向上的表面的进步，而实际上它们引向人类的没落。"②实际上，这些人的核心观点是对科技社会问题的逃避，很明显，我们当然不能因为科技产生的问题就全盘否认科学技术在当今社会中的积极作用。

科技与社会关系问题成为国内外学术界研究的热点与焦点话题，也成为一个现实中不能回避的问题。人们一直探讨两者之间的内在关系与影响的机制，并从不同角度对两者发展规律进行把握。研究科技与社会互动既是一个理论问题，也是一个实践问题。从理论上研究这个问题，在实践中解决这个问题，对于当代中国社会的发展与进步具有重大的理论意义和现实意义。当前，国内外的研究主要涉及科技的社会负效应、科技与人文的关系、基于科技与社会冲突的科技社会建构等问题，这些研究从不同层面不同的视角对科技与社会的关系作了研究，但相关的资料零散，还没有形成非常系统的研究体系。同时，国内外学者对该研究往往是提出问题的多，而问题解决的研究比较薄弱，理论与实践方面的建构也较为缺乏；对科技与社会二者之间关系的理论分析多，而从制度、政策及机制等方面研究现代科技与社会发展实践的研究不够。为此，为实现理论研究的系统化与实践的针对性，本书既注重学理层面的探讨，又针对现

① 张百春：《别尔嘉耶夫论技术》，《自然辩证法研究》2005 年第 12 期，第 47 页。

② ［法］卢梭：《论人类不平等的起源和基础》，李常山译、东林校，商务印书馆 1982 年版，第 120 页。

实，强调问题的针对性，为把握现代科技与社会互动，实现对现代科技发展社会问题的拯救提出应对之策。

实际上，科技与社会的矛盾是人类文明固有的内在矛盾之一，科技与社会的关系问题也是科学社会学研究的重要问题。要实现科技与社会的互动，其首要的问题是认识科技与社会的关系，这为科技与社会的互动提供了基础。科技与社会的关系还表现在不同层面与不同视角。从科技视角来看，要把握科技与人、自然及社会的关系；从社会视角来看，要把握人类的外在他律和内在的自律关系。以此为基础，才能深入了解科技与社会相互作用的必然性与实现互动的可能性，而科学社会学的重要任务之一就是寻找科技与社会互动的途径。将科技与社会作为一个系统整体来看，科技与社会总是相互影响、相互作用的。科技发展对社会进步具有一定的推动作用，而社会对于科技的健康发展有依托与引领的作用。承认科技与社会相互依赖与支持，并不等于说二者的发展变化是完全同步的，社会进步相对科技的发展来说往往是滞后的，二者在具体实践中的相互作用往往呈现出错综复杂的局面。

科技时代，现代科技与社会的相互关系越来越密切，相互作用与相互影响也更为深入，在这种背景下，更要强调科技与社会的互动。正如刘大椿先生等所指出的，科技活动不仅是一种知识和物质的创新活动，也是一种开创性的社会实践。科技改变社会和社会改变科技是双向互动的，科技与社会的互动不仅是可能的，也是能够实现的。

二、现代科技与社会冲突的呈现

科学技术在促进人类物质文明和精神文明进步的同时，也给人类带来了一些不安定的因素，主要表现为一些科技成果的运用使人类已有的社会关系遭到破坏，表现在人与人、人与自然及人与社会的关系失衡。“技术应用于自然和社会越多，生活就变得越不可预测。当技术对自然和社会产生影响的时候，它们之间复杂的互动造成非常多的无法预料的后果。”①以科学技术为中介的人与自然的关系发生变化，人类的各种相互关系包括人与人、人与社会的关系也会

① Stivers R. *The Culture of Cynicism*[M]. Oxford：Basil Blackwell，1994：91.

发生相应的变化，从而引发一些冲突，这些冲突是科技与社会冲突的表征。

(一)人和人(社会)的冲突

现代科技以其强大的能量不断地改造社会，使人与社会陷入动荡不安之中，引发的冲突不断。人与人(社会)的冲突主要体现在以下两个方面：其一，人与人之间的情感淡漠。人与人的情感淡漠在科技发展背景下表现突出，特别是伴随着现代信息技术的发展，人类的交往方式发生了变化，随着面对面交往的减少，情感的淡漠变得更为明显。其二，人与人之间呈现利益化。利益上的分歧使人与人的关系日益复杂化，利益横亘在人们之间，人们情感、思想上的交流日益减少，人们将他人视作获得利益的对象，这必然在很大程度上造成了人际关系的冷淡、疏离。利益原则主宰着人与人之间的活动，人与人之间的不信任感随之增强。在技术时代，人们能便捷地进行一些工作，获得一些利益，把现实的利益作为主导目标的现象有时表现得非常明显，这样也滋生出急功近利的一些倾向，从而在一定程度上会影响人与人之间的关系。

从社会层面来看，科学技术的畸形发展和运用导致了私有制社会中的科学技术异化。马克思指出，在资本主义社会中，“科学及其应用……都表现为被并入资本的东西……在机器上实现了的科学，作为资本同工人相对立……只表现为剥削劳动的手段，表现为占有剩余劳动的手段”。① 恩格斯曾举例说：“当西班牙的种植场主在古巴焚烧山坡上的森林，认为木灰作为能获得最高利润的咖啡树的肥料足够用一个世代时，他们怎么会关心到，以后热带的大雨会冲掉毫无掩护的沃土而只留下赤裸裸的岩石呢?”②这足以说明在私有制社会中，科学技术异化的必然性以及由此而导致人与社会的冲突。

(二)人和自然的对抗

近代以来，伴随着科学技术的迅猛发展，人的主体性地位日益得以体现。

① 《马克思恩格斯全集》第 49 卷，人民出版社 1982 年版，第 117 页。

② 《马克思恩格斯全集》第 20 卷，人民出版社 1971 年版，第 522 页。

人们普遍认为人类开发和利用自然的行为无须接受社会的约束，人类的一切活动都是为了实现主体利益的满足。人与自然之间的关系发生了根本性的变化。培根(Bacon)认为："对待自然就要像审讯女巫那样，在实验中用技术发明装置折磨她，严刑拷打她，审讯她，以便发现她的阴谋和秘密，逼她说出真话，为改进人类生活条件服务。"①人们认为自然仅仅是为人类服务的工具，主体性的膨胀使人类陷入疯狂之中，人类渐渐失去绚丽多彩、美好和谐的生存家园。芒福德(Mumford)认为："我们的时代正在由一种不得不借助工具和武器的发明去实现对自然的支配的人类的原始状态，转变为一种完全不同的新的人类境况。在这种新的境况下，人类不仅已经完全控制了自然，而且也把自己从它的有机的栖息中彻底地分离开来了。"②人与自然的对抗化最突出的呈现是生态环境问题，这直接威胁到人类的整体生存与发展。正因为生态环境的破坏，造成的各种社会问题也层出不穷。

(三)人自身的异化

科学技术虽然是人类创造出的东西，但这种东西已经成为一种主体，成为控制人的力量，导致人自身的异化。具体表现为人的物化、人的整体性被肢解、个性的丧失、信仰危机及人的尊严受到破坏等，人的价值和意义也就逐渐沦落。这样，科学技术的应用在诸多领域产生了去人性化的倾向，人的危机成了科技时代的严重问题。"技术在人类社会生活中不断增长的统治伤害人的灵魂，压迫人的生命。人越来越向外抛，越来越外化，越来越丧失自己的精神中心和完整性。"③因依赖科技而导致人自身的某些能力退化，部分人之为人的特性也随之消失。这样，科学技术的应用在诸多领域产生了去人性化的倾向。人的整体性受到了肢解，出现了一些严重的社会问题。

---

① 转引自吴国盛：《自然哲学》第2辑，中国社会科学出版社1996年版，第501页。

② Leuis Mumford. "*Technics and the Nature of Man*", *in Philosophy and Technology*[M]. Mithcham New York: The Free Press, 1983: 77.

③ [俄]别尔嘉耶夫：《末世论形而上学——创造与客体化》，张百春译，中国城市出版社2003年版，第231页。

三、高科技发展与应用引发的社会问题

伴随着高科技的迅速发展，一些社会问题凸显出来，这成为人类必须应对的严峻而紧迫的现实问题。这些问题包括：由宇航技术发展引发的宇宙社会问题；由工程活动所产生的工程社会问题；生命科学新技术引发的问题；科技发展与应用引发的生态问题；网络技术发展所带来的社会问题等。人工智能、大数据等技术带来的社会问题更是层出不穷，这些问题也成为现代科技发展中人类所面临的亟待解决的严峻而紧迫的问题。

(一)宇宙开发的社会问题

1957年，苏联第一颗人造卫星成功发射，人们对宇宙社会问题的关注开始加强，宇宙社会学应运而生。宇宙社会学作为一门研究人类与宇宙关系的学问，其关注并研究人类开发宇宙的行为对人类自身、宇宙中其他生物及宇宙本身所造成的影响及由此所产生的社会问题。具体来说，宇宙社会问题包括外空军事化问题、外空环境污染问题、外空区域合作问题等。

1. 外空军事化问题

外空蕴藏着丰富的资源和能源。太空中各国的天基设备系统、自然的优势位置资源(包括赤道上空地球同步轨道、地月系及地日系中的拉格朗日点、地球上观测站和发射优势地理位置等)以及其他未来可能的其他星球上用于科学探索的航天器等，都属于未来太空战中各国攻占的资源。① 在外空资源的利用过程中，如若各国利益无法协调，将会引发外空战争，这些必然违背宇宙的社会原则，最终对宇宙与人类社会造成毁灭性打击。

2. 外空环境污染问题

人类在外空活动中会产生垃圾，造成外空环境污染。目前来看，主要是空间碎片的污染。空间碎片因体积小、难观测、难预警、数量大、破坏性较大等

① John J Klein. *Space Warfare: Strategy, Principles and Policy* [M]. London: Rout Ledgetaylor & Francis Croup, 2006: 16-18.

特点备受关注。空间碎片在返回地球的过程中，绝大部分在地球引力的拉扯下，受到剧烈的大气摩擦而燃尽，但也有少部分成为外空垃圾。基于控制空间碎片的紧迫性和必要性，国际社会重视“通过加强外空军备控制，禁止天基武器和地基反卫星武器的试验、部署和使用，以确保外空可持续性开发利用”。① 此外，还有一些外空污染值得关注，包括外空生物污染、外空核污染、外空化学污染及外空电磁干扰等。

3. 外空区域合作问题

当前，随着航天技术的发展，许多国家都进入太空进行科学探索，但是开发太空需要资金保障和先进的技术支持，需要加强太空区域合作，实现共赢，要制定一定的规则，注意避免一些冲突。当前，国际上已有不少关于外空区域合作的协议，一定程度上缓和了宇宙的社会冲突。然而，部分条约不尽完善，在具体实施过程中还存在一系列难题，包括殖民化的监管问题、外空商业化与外空开发的产权问题及外空旅游与游客营救责任的归属等问题。

（二）生命科技发展带来的社会问题

1. 转基因食品带来的社会问题

转基因食品出现的时间不长，存在着许多不稳定的因素。首先，转基因食品存在安全问题。目前，公众对转基因食品的担忧主要体现在对转基因食品的潜在毒性、过敏性、抗药性等方面。由于转基因技术尚未成熟，其安全性有待检验。其次，转基因食品到底是否违背自然规律尚不明确。最后，转基因食品可能造成生态风险和环境问题。

2. 药物遗传学的社会问题

对于同样标准剂量的药物，不同的病人会产生不同的反应。通过基因的检测，人们可以知道自己会对哪些药物产生不良反应，从而筛选出适合自己的药物，降低药物对人体的伤害，减少因药物导致的医疗事故。但是，药物遗传学

① 苏金远、朱莉欣：《外层空间的军备控制与环境保护》，《北京理工大学学报》（社会科学版）2012 年第 4 期，第 100 页。

在促进临床医学发展的同时，也引发了一系列社会问题。

3. 基因编辑的伦理问题

2018 年 11 月 26 日，南方科技大学副教授贺建奎宣布，名为露露和娜娜的“基因编辑婴儿”已经顺利诞生，他的团队通过 CRISPR-Cas9 对 CCR5 基因进行编辑，使得婴儿获得抵抗艾滋病的能力，此事件迅速成为舆论的热点与焦点。已故的科学家霍金曾预言，“超级人类”将诞生。今天，这个预言已经成为现实。事件发生后，基因编辑技术及伦理与社会问题也进入了公众的视野，引发了广泛的争议与激烈的讨论。从技术层面看，基因编辑技术的发展历经技术的变革，发展迅猛，ZFN 技术是第一代基因编辑技术，第二代基因编辑工具为 TALEN，第三代技术 CRISPR-Cas9 则被誉为基因编辑的神器，成为目前应用最广泛的基因编辑技术，这项技术可以针对任何 DNA 序列进行定制修饰，这样，理论上，“订制婴儿”不是难事。从伦理层面来看，CRISPR-Cas9 技术本身具有不可预知的风险，其脱靶效应没有得到有效的解决，会引发基因突变。同时，伴随着技术的滥用，也会产生巨大的风险和不确定性。另外，通过基因编辑，生成免疫艾滋病的婴儿，进行这项工作并不具备必要性，因为让艾滋病婴儿健康成长在医学上并不是难事，为此，以基因编辑技术来阻断艾滋病的真实动机也值得怀疑。实际上，直接进行人的胚胎改造并试图产生婴儿的任何尝试都存在风险，都会有安全与伦理的担忧。

当然，还有神经社会学的相关问题、胚胎干细胞应用的社会问题、克隆人的伦理与社会问题等。

(三) 生态社会问题

随着现代化进程的加快，生态环境日趋恶化。科尔伯恩(Colborn)曾指出：“在人类出现在地球上几百万年的绝大多数时间，只是局部性地给环境带来破坏性的影响。人类那时的活动对地球环境的影响，和形成这个星球的自然力量相比还是微不足道的。可是，现在的情形变了，人类和地球的关系进入到史无前例的新阶段。空前巨大的科技力量，迅速增长的人口已经把我们对环境的影响从局部和区域扩展到整个星球。在这个变化过程中，人类从根本上改变了整个地球的生命系统。”①

目前，人类面临的生态社会问题集中在以下几个方面：第一，人口爆炸。二战结束后，各国出于恢复生产和积极备战的考虑纷纷鼓励生育，人口爆炸问题应运而生。人口爆炸对环境的需求远超过环境的承载能力。18 世纪，马尔萨斯(Malthus)提出：“人口的增殖力无限大于土地为人类生产生活资料的能力。人口若不受到限制，便会以几何比率增加，而生活资料却仅仅以算术比率增加。”②第二，环境污染。自 20 世纪 60 年代以来，人们开始致力于解决环境污染这个全球性的难题。时至今日，全球环境日益恶化的总体趋势并未从根本上得到遏制。③ 由于人类直接或间接地向环境排放的加大，导致环境质量明显降低。20 世纪的“先发展后治理”理念给人类的生存环境带来巨大的灾难，带来巨大的经济损失。“随着改革开放的不断深化，我国经济也得到了快速的发展。但是在经济快速发展的同时消耗了大量的能源和资源，破坏了生态环境，这使得我国经济在发展过程当中面临着严重的生态环境问题，其中水污染问题尤其突出，影响着我国居民的生活以及经济的可持续发展。”④第三，资源短缺与能源危机。人类对资源肆意的掠夺与奴役，造成资源短缺和能源危机。人们认定生态资源取之不尽用之不竭，这使人与自然的关系逐渐走向分裂，其引发的能源与社会危机是难以估量的。“作为人类社会主要能量来源的煤炭、石油和天然气等化石能源，经过数百年的过度开采和巨大消耗，已经不可逆转地走向枯竭，而与之伴生的环境恶化问题日益严峻也引起国际社会的极大忧虑。”⑤“这种通过掠夺其他群体的资源来满足自身利益的行为是不会得到可持续发展的，将会为人类社会的发展带来负面的影响，并会成为人们解决环境问题的巨

① [美]西奥·科尔伯恩等：《我们被偷走的未来》，唐艳鸿译，湖南科学技术出版社 2001 年版，第 142 页。

② [英]马尔萨斯：《人口原理》，朱映等译，商务印书馆 1992 年版，第 7 页。

③ [美]纳什：《大自然的权利》，杨通进译，青岛出版社 1999 年版，第 1 页。

④ 高韦韦、覃宇均、黄麟杰、杨净：《地表水监测中的污染及治理》，《资源节约与环保》2020 年第 9 期，第 63 页。

⑤ 刘助仁：《新能源：缓解能源短缺和环境污染的新希望》，《科技与经济》2008 年第 1 期，第 35 页。

大障碍。因此，当代人在利用自然资源满足自己的利益的过程中要体现出机会平等、责任共担、合理补偿，即强调公正地享有地球，把大自然看成是当代人共有的家园，平等地享有权利，公平地履行义务。”①第四，生态平衡遭到破坏。生态平衡的破坏将引发一系列问题。今天，臭氧层正遭受着破坏。臭氧层空洞使越来越多的紫外线进入地球表面，破坏人体免疫系统。由于过度排放温室气体，造成全球范围气候变暖，进而导致环境失衡，影响全球生态环境。另外，海平面上升会导致土壤盐碱化，降低土壤质量。第五，资源分配问题。随着社会的发展，人们在获取自然资源，满足物质生活后，面临着资源的分配问题。这种分配与各国的政治、经济、国家利益息息相关。

(四)网络社会问题

互联网的发展加快了网络与社会的深度融合，网络社会问题是现实中社会问题的延伸，集中表现为网络隐私侵犯、网络人际关系失衡、网络对人的异化、网络对知识产权的侵犯、网络信息安全危机以及网络犯罪等方面。这些问题因网络的发展而对个体与社会都产生了深远的影响。网络的及时性和传播性，也加大了网络社会问题的连锁反应。“网络社会问题是存在于网络社会中的网民普遍遇到的一种‘病态现象’，它不仅妨碍了网络社会中大部分或一部分网民正常的社会生活秩序，而且对整个网络社会造成了较大的危害。”②

1. 网络隐私侵犯

在网络信息时代，人们普遍想获得更多的公共信息或私人信息，以达到自己的某些目的。实际上，人们可能以牺牲个人信息为代价获取他人的信息，造成个人信息泄露。在大数据时代，这个问题表现得更为突出，大数据突破了对单个数据节点的局限分析，更为关注大量的碎片化数据之间的关联，通过数据与数据间的关系裂变，使数据在被重复利用中能够实现数据关联和价值增值。

① 刘大椿：《自然辩证法概论》，中国人民大学出版社 2008 年版，第 122 页。

② 王平一：《试论网络社会问题的构成要素》，《经济研究导刊》2020 年第 1 期，第 258 页。

网民在进行社情民意表达时不经意留下的数据信息，都有可能经过无限关联和多重聚合后，使个体得以“镜像”呈现，个人隐私无处藏匿，从而预示着大数据时代的“隐私已经死亡。”①即使信息已被删除，也很难确保隐私不会被泄露，因为大数据本身具有强大的记忆储存功能。随着网络技术的发展，不法分子会利用网络平台侵犯别人的隐私，这不仅扰乱了网络秩序，还容易引起人们的恐慌。

2. 网络人际关系失衡

在传统社会中，更多的是熟人之间的交往，而在网络社会中，人们彼此之间的联络更为便捷，交往对象与交往形式都发生了很大的变化，造成包括人际关系冷漠、不信任，人与人之间存在数字鸿沟问题。“由于人们沉溺于数字化的环境，脱离‘在场’的社会关系太久，将自己视为纯粹意义的‘符号’……步入纯粹的数字化过程，从而使自己成为片面的人。”②

3. 网络对人的异化

网络不仅改变了人类的生产生活方式，同时也导致了人的异化，带来社会危机。“异化就是一种认识模式，在这种模式中人把自己看做一个陌生人。他并不感到他是自身世界的中心，是其行为的发出者，而是他的行为及其结果已经成为他的主人，必须俯首听命，甚至顶礼膜拜。”③正如精神病学专家托尼诺所说，长期的网上冲浪会渐渐失去自我、改变个性。④

4. 网络对知识产权的侵犯

知识产权的保护因为网络的出现而陷入新的困境。在网络世界中，知识产权极易受到侵犯。“大家转向网络，渐渐从生产信息的地方直接获取信息。”⑤布兰斯科姆(Branscombe)也指出：“计算机网络的电子环境的显著特点是多样性、复杂性、差异性和治外法权。所有这些特征对调节信息的产生、组织、传播、

---

① C Varney. *The death of privacy*? [J]. Newsweek, 2001 (26A): 78-79.

② 李伦：《鼠标下的德性》，江西人民出版社 2002 年版，第 222 页。

③ [美]埃里希·弗罗姆：《健全的社会》，蒋重跃等译，国际文化出版公司 2003 年版，第 104 页。

④ 转引自严耕、陆俊、孙伟平：《网络伦理》，北京出版社 1998 年版，第 228 页。

⑤ 郭良：《网络创世纪——从阿帕网到互联网》，中国人民大学出版社 1998 年版，第 162~163 页。

存档的法律都提出了挑战。"①现有法律面对网络知识产权问题显得处境尴尬。

5. 网络信息安全危机

互联网的开发最初是为了实现信息的充分利用。然而，网络信息空间安全的问题突出，污染了网络社会的生态环境，对正常的社会生活带来冲突。"通过浏览器、电子邮箱、即时信息工具、社交网站、电子商务、电子支付、GPS等服务以及更为隐蔽的跨站追踪、影子账户、云端指令远程控制等手段任意收集和使用用户信息的行为，具有盈利与监控的双重效力，二者是一体两面、不可分割的。"②另外，在网络世界中，由于中西方在资源方面的不对等，文化冲突的存在，还存在着信息垄断和网络文化霸权的现象，这也会带来网络信息安全的危机。

6. 网络犯罪

随着信息技术日渐发达，网络犯罪已成为新的社会问题，这引起了人们极大的关注。尼尔·巴雷特(Neil Barrett)指出："开始作为学者和研究人员游乐园的互联网，经历了长期痛苦的成长过程，已成为一个功能齐全、政治化的自由社会——计算机王国。它吸引了不同生活背景、来自不同行业、不同年龄的公民，同时也吸引了许多坏人、盗窃分子、诈骗犯和故意破坏分子，它还是恐怖分子的避风港。"③不法分子在网络上实施网络犯罪，却不会暴露身份，这会造成严重的网络社会危机，影响人们的正常社会生活。

第二节 科技与社会发展的历史脉络

现代科学技术正以其强大的威力渗透进当今社会的各个层面，科学技术已

① 转引自陆俊：《网络悖论》，国防科技大学出版社 1999 年版，第 125 页。

② 吴维忆：《网络时代的隐私及信息安全：西方危机与中国战略》，《广东社会科学》2016 年第 4 期，第 65 页。

③ [英]尼尔·巴雷特：《数字化犯罪》，郝海洋译，辽宁教育出版社 1998 年版，第 196~197 页。

成为整个社会的主导力量，主宰着人类的文明和命运，推动着社会向前发展。因此，深入而正确地认识现代科学技术对社会的推动作用，对于促进社会的正常发展有着重要的意义。

一、文明演进中的科技与社会的发展

(一)农业文明进程中的科技与社会

在农业文明时期，人类由于自身力量的弱小，人在总体上依存于自然而存在，人们表现出对自然的敬畏与崇敬。在这种条件下，人类往往屈服于自然威力，在自然面前，人类很难有所作为。随着生产实践的发展，生产力的进步，人类能利用一定的手段来对自然进行一定的改造，人类开始逐步走向改造自然的历史时期，从原始社会人类发明了石器与火开始，科技发展就改善了人们的生活，推动人类远离蒙昧，人性得到一定程度的张扬。

原始社会是人类历史上存在时间最长的社会发展阶段，其发展滞缓的根源在于生产力极为低下。社会生产力的主要标志是使用石器工具，所以也被称为“石器时代”。① 随着生产的不断推进，氏族中逐渐出现了贵族和平民两大阶层。到了后期，随着氏族血缘关系的断裂，氏族成员出现迁移，各氏族之间联系密切，外部人员的加入对氏族发展起到补充作用，作为按地域进行划分的农村公社开始出现。原始社会生产资料从公有制向私有制进行过渡。原始社会开始出现瓦解，阶级出现，阶级斗争逐渐产生。随着冶金科技的发展，人类开始渐渐掌握金属工具的制造与使用。当时，以家庭为基本生产单位、以手工为主要生产方式的封建小农经济大量存在，且在社会中逐渐地占主导地位，但是，这时候生产的目的主要是为了满足家庭生活的需要而不是用于交换。

(二)工业文明进程中的科技与社会

随着科学与技术一体化进程的不断加快，科技产生的作用在社会各个领域

① 蒋大椿、陈启能主编：《史学理论大辞典》，安徽教育出版社 2000 年版，第 386 页。

日益彰显，社会的发展也越来越需要科技的发展与进步。“科学万能”的信条在当时具有普遍性，人类利用科技的力量肆无忌惮地向自然发起了征战和讨伐，科技的威力也不断显现出来，这导致人口问题、温室效应、地球资源不可再生性遭到破坏，严重威胁到人类自身的生存与发展；在社会的诸多领域中，也呈现出科技对于人的排斥和扭曲。这时候，科技发展对人性异化的问题开始呈现出来。

18世纪，科学技术发生了爆炸性的飞跃，出现了突飞猛进的发展态势。在英国，珍妮纺纱机的发明、瓦特对蒸汽机的改良等有力地促进了科技的迅猛发展，推动了生产力的巨大转变。随着工业革命向英格兰、欧洲大陆、北美地区以及世界各国的不断蔓延，工业革命的影响范围越来越大，影响力度也愈来愈强。社会生产力随之发生了显著的进步，农业文明开始逐渐转向工业文明。在工业革命的促进下，物质财富伴随生产力的提升而逐步增多，财富分配的不均加速了工业资产阶级与无产阶级的分化，二者之间的矛盾日益凸显，成为社会中对立存在的两大阶级，社会因此而发生深刻变化。与此同时，工业革命推动了欧美发达国家经济的大发展，在工业革命的作用下，西方社会得到了飞速的发展，人类认识与改造自然的能力不断提升，人类社会由农业社会向工业社会转变。因此，可以说，工业文明时代是人类科技进步与科技大发展的时代，在这个时代，人类进入了认识与改造自然的新时代，社会也发生了变革。

（三）迈向信息文明（生态文明）时期的科技与社会

在信息文明时期，随着信息处理技术的飞速发展，社会也发生了革命性变革。计算机的产生，使得人脑功能被替换具备了可能性。在短短的半个多世纪，电子计算机发生了好几代的更新换代，其功能得到了显著提升，实现了系统化、智能化。在机型方面，则更加具有实用性，开始向大、中、小、微等多方面协同并进。计算机的普及，反映出其在信息文明时期的重要地位。同时，卫星技术也取得了重大突破，促进了全球各地之间的有效沟通和交流，成为推动信息社会发展的重要推动力。

第二次世界大战之后，随着冷战的影响以及美国“星球大战”计划的提出，人类开始了新的工业化革命，也被称作“信息革命”。信息社会产生的原因在于社会技术基础出现了根本性的变化。在信息社会，信息成为重要资源，对信息资源的开发、利用成为经济社会中的重要活动内容。与农业社会和工业社会相比，信息社会中的主要经济活动是信息经济活动，即以信息资源的开发和利用为目的的活动。在信息革命中，网络计算机技术的应用更是彻底颠覆了原有的社会空间。

今天，当代社会也正转向一种新的文明形态——生态文明。生态文明注重维护生态环境，追求可持续发展，兼顾人类未来的利益。这种文明观强调人的自觉与自律，要求人们在把握自然规律的基础上能动地利用自然与改造自然，使科技更好地为人类服务。人类的发展应该是人、自然与社会的和谐发展，生态文明为科技与社会的统一和融合提供了新思路，也是科技与社会发展的必然选择。

二、我国科技与社会的发展历程

（一）古代科技与社会发展

1840 年鸦片战争以前，大体属于古代科技发展阶段。中国古人制造第一把石刀就是技术的萌芽，揭开了石器时代的序幕。石器不仅用于狩猎、捕鱼，而且用于手工业和农业生产；石器工具的不断改进，促进了原始生产力的发展。“因为摩擦生火第一次使人支配了一种自然力，从而最终把人同动物界分开。”①石器的制作与火的利用，标志着中国古人开始进行技术的运用，形成了原始的生产能力，原始的农业和畜牧业就此应运而生。但是，在原始社会，人们自身力量弱小，思维能力有限，远未达到能够支配自然的程度。人们处于对自然的严重依赖状态，受到自然力量支配，对自身前途和命运缺乏掌控能力。在这种状况下，人们屈服于自然威力，表现出对自然的敬畏与崇敬，原始宗教随之产生，出现了各种形式的巫术和祭祀仪式。随着科技的进一步发展，出现

① 《马克思恩格斯选集》第 3 卷，人民出版社 2012 年版，第 492 页。

了青铜器、铁器、陶器、文字、造纸、印刷术等，人们不再依赖自然界现成的食物与供给，而是通过一定的手段，创造适当条件，使自己所需要的植物和动物能得到生长和繁衍；① 金属工具的出现促进了农业的发展，形成了中国特有的农业文明。秦汉时期的科学技术形成了比较完备的体系，并在魏晋以后，不断地充实提高，至宋元明时期，中国古代科学技术达到了高峰。其科技成果丰硕，如制定了天文历法，出现《九章算术》等数学著作；在医药学方面形成《黄帝内经》《本草纲目》等成果；在农业方面形成了《齐民要术》《农政全书》等农业专著。在技术方面，从手摇纺车到脚踏单锭纺车再到三锭纺车的技术的改进极大推动了中国纺织业的发展。瓷器经历了从晋代的青瓷技术到明清的彩瓷技术，瓷艺达到了炉火纯青的水平。这一时期代表性的科技成果是四大发明，指南针、造纸术、印刷术和火药对人类历史发展产生了重要影响。中国古代科学技术的成就举世瞩目，正如李约瑟所说："中国的这些发明和发现往往远远超过同时代的欧洲，特别是在 15 世纪之前更是如此。"②

传统中国社会是以农业为主，在农业生产实践活动中形成了农业文明。人们依赖天时地利的自然条件，利用作物的生长规律，在季节变换中播种与收获，容易形成与自然和谐共处的思想。在农业文明基础上形成的哲学，倾向于从整体上把握自然界，发现其中的相互联系。为此，中国文化一开始就体现出了"顺天应人""天人合一"的"天人"关系理论，其实质是关于人与自然的统一问题，其思想核心是把人类看做自然界的和谐组成部分。儒家和道家都主张人道取法天道，而儒家的天道，是指人们对于自然规律的发现与遵循的自觉性，人道是人们在社会关系中对于社会规律的发现与遵循的自觉性，天道与人道是相互感应的整体，天道影响人道，而人道也可反作用于天道（《孟子·万章上》）。在孟子看来，天道有常，人道有本，人应该通过学习和修养，实现自己本有的天性。以老子、庄子为代表的道家的天人关系认为人类只能因循天

① 何煦：《生态文明分析的价值视野》，《四川行政学院学报》2008 年第 6 期，第 36~39 页。

② ［英］李约瑟：《中国科学技术史》(第一卷)，周曾雄等译，科学出版社、上海古籍出版社 1990 年版，序言第 2 页。

道，不能盲目地改造自然，如果总是自以为是，不尊重自然，就做不到人道与天道的和谐发展。“与人和者，谓之人乐，与天和者，谓之天乐。”《庄子·天地》与人和，就是人与人的和谐相处，与天和，就是人与自然的和谐相处。在老子看来：“人法地，地法天，天法道，道法自然。”(《老子》第二十五章)墨家学派的墨子重视工农业生产，将社会上所有的原则称为“义”，“天之志者，义之经也”(《墨子·天志下》)。他还主张统治者应“以天为法，动作有为，必度于天。天之所欲则为之，天所不欲则止”《墨子·法仪》。汉代董仲舒提出著名的“天人三策”，以天人关系为轴心，以阴阳五行为基础，发扬了儒家的天人观。“天人合一”的观点到宋代趋于成熟，成为占据主导地位的社会文化思潮，各派思想家都认为“天人合一”是人的自觉。张载明确提出“天人合一”的命题,① 天如父、地如母，人与万物处于天地之间，天下人都是我的兄弟姐妹，万物是我的朋友，人与万物本性相通，相互和谐统一，天人和谐是最高境界。“天人合一”思想指导着中国古代的科技实践，使人与自然的关系呈现出相对和谐的状态。

(二)近代科技与社会发展

中国近代科技的产生是伴随着闭关锁国政策的瓦解而形成的。从西方来看，近代科技革命在15世纪的西方社会产生，这极大地推动了自然科学的发展。科技的迅猛发展使人类改造自然的能力空前提高，人们陷入乐观的“科技万能”论，人类自我意识膨胀，人类中心主义成为处理人与自然关系的出发点。人们崇拜科技力量，过分夸大了自身力量。1582年来华的意大利人利玛窦为“西学东渐第一人”，给中国带来了西方近代科学知识，除了对诸如历法和算学等个别领域产生较大的影响外，没有对中国旧式生产技术的发展带来实质性的推动，只是满足了封建统治者的物质享受；这些科技被认为是“奇巧淫技”，导致西方科技文化难以在中国传播。同时，清朝开始实行闭关锁国政策，对近代科学技术的巨大成就视而不见，将西方人阻挡于国门之外，限制其

---

① 张岱年：《中国伦理思想研究》，江苏教育出版社2005年版，第145页。

在华活动。所以，在西方如火如荼的近代科技革命中，中国并没有与之相伴相生。

1840年第一次鸦片战争的洋枪利炮轰开中国的国门时，中国人开始觉醒，开始探索应对之道。以林则徐和魏源为代表的一批人开始睁眼看世界，魏源提出了“师夷长技以制夷”的观点，第一次明确意识到要向西方学习，学习他们先进的科学文化。第二次鸦片战争后，民族危机再次刺激一些有识之士开始寻求拯救民族危亡的道路。以曾国藩、李鸿章、张之洞等为首的洋务派大胆提出“中学为体，西学为用”的口号，掀起了著名的洋务运动。涌现了李善兰、华衡芳、徐寿等一大批近代科技翻译家、活动家，洋务运动以“求强、求富”为口号，展开了向西方学习的热潮，开启了中国的近代化。① 因此，鸦片战争可以作为中国近代科技发展的开端。鸦片战争后，随着西方传教士广泛来华，他们在带来先进科学技术的同时也带来了西方文化，对中国根深蒂固的传统文化观念造成了强烈冲击；中学和西学的对抗日趋明显，学习西学是为了反抗侵略，而为了抗御外侮，西学又成为中学的抗拒对象。中西文化在这一时期激烈地碰撞与交融，经历了洋务运动、新文化运动的洗礼，逐渐形成中西合璧的文化思想。中国传统文化倾向于强调终极价值，而近世中国引进的科学技术，却主要是从“经世致用”“救亡图存”的功利目标出发进行的，尤其是作为对抗外国侵略、救亡图存的工具。② 洋务运动后，外国陆续在中国开办学堂、医院，借以传播宗教、文化，很大程度上促进了国人思想观念的转变。青年人纷纷留学日本、西欧、美国、苏联等，这些留学生做了大量翻译工作，有力地促进了西方近代科学技术在中国的传播与发展。辛亥革命结束了两千年的封建专制统治，此时，清末的一批留学生正学成归国，他们高举“科学救国”的大旗，在这种条件下，新旧思想再次产生碰撞，新文化运动轰轰烈烈地开始了。在这场运动中，陈独秀主办《新青年》力倡民主与科学的宗旨，推动了科技思想在中

① 高奇等编著：《走进中国科技殿堂》，山东大学出版社2005年版，第231～232页。

② 刘大椿：《从中心到边缘：科学、哲学、人文之反思》，北京师范大学出版社2006年版，第280页。

国的传播。在新文化运动和教育救国思想影响下，科学主义思潮成为当时中国的主流思想之一，以陈独秀、胡适为代表，分别沿着“科学决定人类社会乃至人生”和“科学方法至上”的思想路线演进。① “科学主义思潮对科学和理性的高扬，对科学方法的提倡，对于封建蒙昧主义无疑是猛烈的冲击……通过科学主义思潮的冲击，科学代替了封建伦理纲常的权威地位，实际上成为一种新的社会意识观念。”②

（三）新中国成立以来的科技与社会发展

1949 年新中国成立，随着经济建设的开展，科技事业走上正轨，科学社团和科研机构相继涌现，科学技术研究和实验有了初步积累，科技教育事业大面积地铺开，在各领域培养了一批专家，引领着中国科技向前发展，如大庆油田的顺利开发、第一颗原子弹的试爆成功、人工合成牛胰岛素投产等。性能优越的工具开始投入机械化的大生产，交通、通信、贸易等行业得到发展，生产出的丰富商品能满足社会需要。

伴随着改革开放的步伐加快，中国逐渐进入了现代科技发展阶段。邓小平提出：“我们国家要赶上世界先进水平，从何着手呢？我想，要从科学和教育着手。”③中国把“科学技术是第一生产力”的理论与社会主义现代化的实践紧密地结合，极大推动了中国的经济建设。20 世纪 80 年代以来，以信息、生物、新材料等为中心的新科技浪潮席卷整个世界时，中国调整发展战略，把高新技术列为国家重点发展目标，制定了一系列高新技术发展的规划与战略，如“863 计划”“火炬计划”“攀登计划”等，推动了中国科技事业的发展。中国科技的发展正在赶超发达国家，信息技术、材料技术、能源技术、空间技术以及生物技术都得到了长足的进步，相继取得了一系列研究成果，如 2005 年 4 月，

① 吴海江：《新文化运动时期的科学主义思潮：路向、特质及影响》，《自然辩证法研究》2008 年第 5 期，第 88~93 页。

② 吴海江：《新文化运动时期的科学主义思潮：路向、特质及影响》，《自然辩证法研究》2008 年第 5 期，第 88~93 页。

③ 《邓小平文选》第二卷，人民出版社 1994 年版，第 48 页。

中国长征系列运载火箭成功地将中国和外国制造的卫星、4 艘神舟无人飞船和神舟五号载人飞船送上太空。①

但是，随着经济社会发展，人口爆炸、资源短缺、环境恶化等问题也冲击着中国社会，科技的双刃剑作用日益凸显。目前，中国经济发展中面临的生态危机、土地沙漠化、水源污染、水土流失、江河断流、生态系统失衡等问题日益突出，生态服务功能持续下降，生态灾害频繁发生。由于中国人多地少、资源人均占有率偏低的国情，如果不尽快建设生态文明社会，走新型工业化道路，即“产业的生态化”和“生态的产业化”道路，中国经济社会持续健康发展，就有可能成为无本之木，无源之水。② 人类借助技术过度改变自然环境，破坏了人类未来的生存基础，面对这种情况，挽救的出路是改变物质至上的价值观念。我们需要以西方发达国家的历史为鉴，总结人类发展过程中的经验得失，正视传统工业文明的弊病，修正“改造自然”“科技万能”等陈旧观念。对于我们国家而言，许多环境问题正是由于科技和经济不发达所造成的，只有积极致力于科技、经济和社会发展，才可能更好地解决环境问题。③ 我们要提倡大力发展为生态文明服务的科技。1994 年 3 月制定的《中国 21 世纪议程》明确指出，走可持续发展之路，是中国在未来和下世纪发展的自身需要和必然选择。国家已逐步确立了可持续发展观念，把对自然的合理开发和积极保护统一起来，④ 使发展经济和保护环境相互协调。

目前，人与自然的关系在我国再次呈现和谐发展的态势，在当前生态文明建设的大背景下，重塑天人协调的伦理观，对社会的可持续发展具有重要的意义，这也是社会发展的必然伦理选择。

---

① 张密生主编：《科学技术史》，武汉大学出版社 2005 年版，第 360 页。

② 陈泉生：《论科学发展观与法律发展》，《水污染防治立法和循环经济立法研究——2005 年中国环境资源法学研讨会(年会)论文集》，第 997~1004 页。

③ 邓强：《论马克思恩格斯人与自然关系的思想及其当代价值》，《合肥联合大学学报》2000 年第 4 期，第 7~12 页。

④ 转引自张才国：《生态文明：一种新的和谐发展理念》，《重庆大学学报》(社会科学版)2005 年第 4 期，第 26~29 页。

第三节　科技与社会发展相互作用的现实逻辑

从人类社会发展历史来看，人类文明发展过程即是人通过科学技术改造自然，将人类从自然束缚下解放的过程。在人类社会发展的文明进程中，科技的进步改善了人的生活，“在改变自己的这个现实的同时也改变着自己的思维和思维的产物”。① 因此，人类社会的发展离不开科学技术的支撑，科技与社会发展之间存在密切的内在关联，存在着内在的逻辑关系。科技发展对社会具有正向的作用，社会对科技发展也具有正向作用，二者在相互作用中共同发展与进步。

一、科技发展对社会的正向作用

现代科技已经渗透到社会的每个角落，成为一种社会存在，也深刻地改变着人类的生产与生活实践，并演化为一种人类的价值精神。“科学文化是人的智力发展中的最后一步，并且可以看成人类文化最高最独特的成就。在我们现代世界中，再也没有第二种力量可与科学思想的力量相匹敌。它被看成我们全部人类活动的顶点和极致，被看成人类历史的最后篇章和人的哲学的最重要的主题。”②科技的发展深化了人类对自然、社会和人自身的本质认识，许多科技发现和科技成果的应用，扩大了人们的视野，推动了社会观念的变革，为社会的发展开辟了道路，成为社会发展前进的动力，对社会的影响深远。科技发展对社会具有明显的正面作用，主要表现在以下方面。

(一)科技发展对社会进步的推动具有一定的必然性

从历史发展的角度来看，科技是社会的生长点，社会的发展离不开科学技

① 《马克思恩格斯选集》第 1 卷，人民出版社 1995 年版，第 73 页。

② ［德］恩斯特・卡西尔：《人论》，甘阳译，上海译文出版社 1985 年版，第 263 页。

术的进步。人类在利用科学技术时，应当坚守一定的原则，注重发展的方向，以发挥科学技术对社会的正向推动作用。德国哲学家汉斯·尤纳斯(Hans Jonas)提出人类活动的律令，他指出："如此行动，以便你的行为的效果不至于毁坏未来这种生活的可能性"；"不要损害人类得以世代生活的环境"；"在你的意志对象中，你当前的选择应考虑到人类未来的整体"。①

从现实逻辑角度来看，科技是社会发展的助推器，科技是解决人与自然矛盾的产物。事实上，科学技术能促进生产力发展。可以说，科学技术在一定条件下是社会发展水平的依据和尺度。

(二)科技发展在推动社会进步中的具体作用

科学技术作为"第一生产力"，是一种社会存在。科学技术是推动社会进步的力量，是推动文明发展的强大动力，科技在推动社会进步中呈现出一些具体的作用，主要表现在以下方面：

1. 科技发展表征社会进步的总体发展趋势

上层建筑和社会意识形态都反映了相应的生产关系，科学技术发展推动着社会的进步与发展，从而引起生产关系的变化，生产关系作为一种反作用推动着生产力的发展。因此，随着科学技术的发展，社会物质水平的相应提高能促进社会迈向新阶段，社会的进步就具有了一定的可能性。实际上，科技发展的大趋势与社会进步是同向的，虽然在实际的发展过程中，也呈现一定的曲折，但是伴随着科技的发展，社会进步具有一定的必然性，因为生产力不断改变生产关系，推动着社会的变革。

2. 科技发展促进新的社会观念和规范的形成

科学技术的发展改变人们传统的思想、信仰，从而引起社会观念和规范的更新。譬如，在科技史上，哥白尼的"日心说"和达尔文的进化论的问世，动摇了统治中世纪西方的宗教思想。生物进化论、细胞学说和能量守恒转化定律

---

① Hans Jonas. *The Imperative of Responsibility*: *In Search of an Ethics for the Technological Age*[M]. Chicago: University of Chicago, 1985: 11.

等生物学和物理学的重大发现，使人们对长期禁锢思想的宗教及其伦理价值观产生了怀疑、批评和否定。现代科学技术的重大突破和发展，提出了许多新的社会问题，引发了人们的思考，这引起了社会观念的变化与重建。

3. 科技发展对人的道德品质具有促进作用

对一个国家来说，科技竞争归根结底是人才的竞争和国民素质的较量。一些国家科技的巨大威力没有得到充分体现，其原因是多方面的，其中深层原因之一就是国民的科技素质不强，科技意识薄弱，而且缺乏与现代化大生产和现代知识经济相适应的道德品质，而科技的发展在一定程度上对人的道德品质的形成具有促进作用。

现代科技发展对人的道德品质的提升在历史与逻辑上是统一的。从历史来看，在原始社会，由于生产力水平极为低下，人们直接获取自然物而生活，这需要培养人们勇敢、顽强、吃苦、耐劳和合作等品德，这是由当时的社会条件所决定的；在封建社会，人们进行分散的小规模生产，形成了小生产者涣散、保守、狭隘等观念和思维方式，这种情况的出现在封建社会具有一定的必然性；随着近代科技的产生，人的主体意识开始觉醒，现代大生产观念和科技意识、精神、道德相继形成与发展，自由、平等、民主、法制等思想及协作、效率、群体意识等也相继形成。近代以来，科技革命极大地影响着人们的生活方式与生产方式，特别是以量子力学、计算机技术、生物技术等为标志的当代科技革命，极大地释放了人的能动性和自由个性，为人们更新思想观念、改变思维方式、更换价值体系和规范体系提供了可能，直接促成了科学精神的形成，也促进了民主精神与自由精神的普及与弘扬。科学精神是时代精神的典型表现形式，而科技理性是其内核。科学精神启迪人们尊重事实、崇尚理性、追求创新。在弘扬科学精神的过程中，形成和积累了一系列优良的伦理风范和科技的工作准则。乔治·萨顿(George Sarton)在《科学的生命》中指出，科学的历史，如果从一种真正哲学的角度去理解，将会开拓我们的眼界，增加我们的同情心，将会提高我们的智力水平和伦理水准，将会加深我们对自然和人类的理解。① 公

① [美]萨顿：《科学的生命》，刘珺珺译，商务印书馆 1987 年版，第 49 页。

众在参与科技知识的普及和科技的推广应用中，会形成全社会共同的思想与行为，有助于形成尊重科技、尊重知识、尊重人才的良好的伦理风尚，从而提高全社会的伦理水准。

从逻辑上看，现代科技发展为人的伦理道德水平的提高提供了认知的基础。第一，掌握科学技术知识是人们提高伦理认识、更新伦理观念、改变伦理习惯的重要认知基础。“哥白尼学说本来应当伤害人类自尊心，但是实际上却产生相反的效果，因为科学的辉煌胜利使人的自尊复活了。”①人的思想品德的状况是伦理水平的重要标志，而思想品德是由知、情、意、行等因素构成的，认知是品德的必要条件之一。科技的“善”必能激发道德，科技主要从以下三个方面启发社会伦理的“善”：一是公有性。科技是全人类的财产，是超越国界的，是所有人都可以利用的。二是人道性。科技活动是人类的理性活动，科技的发展应该是人道的，它的基本功能是造福人类，科学活动应该给人类带来福祉。三是宽容性。正常的批评、争论正是科技进步的标志，反映了科技发展的必然要求。在科技活动中，我们也要宽容各种争论，形成一种良好的学术生态。科技一旦通过一定的争论为人们所接受，科技的进步必能为人们道德水平的提高提供认知基础，科技的“善”与社会伦理的目标就是一致的。

第二，伴随着现代科技发展，科技教育为人的社会伦理道德水平的提高提供了更有力的支撑。下面有两个例证说明这个观点。如通过对生态知识的学习，形成关于大自然生态平衡对人类的生存与发展具有重要意义的认识。这种认识将使人们尊重自然的发展规律，按生态平衡的要求办事，最终形成热爱自然的情感，在实际行动中也能自觉保护身边的环境。再如，生物遗传学的科技知识，为破除近亲结婚、男尊女卑等封建旧习俗，为妇女解放、提高妇女地位、建立男女平等关系提供了一定的科学依据，为新型的家庭道德教育提供了认知基础，促进了道德品质的形成。②

第三，科技人员道德的提升可推动公众道德的整体提升。科技活动是一种

① ［英］罗素：《西方哲学史》下卷，马元德译，商务印书馆 1996 年版，第 58 页。

② 参见李太平：《科技教育与道德教育》，红旗出版社 1999 年版，第 132～133 页。

自觉、自主的创造性活动，科技工作者群体所具有的热爱祖国、崇尚真理、求实创新、无私奉献等崇高品德和高尚情操，对推动整个社会伦理的进步具有重要的意义。① 科技的发展对于科技人员具有伦理的启迪作用，表现为提高他们的社会伦理认知，陶冶他们的情操，磨练他们的伦理意志及最终能形成他们的伦理行为。伴随着现代科技的发展，科技伦理问题成为每一个科技工作者必须面对的问题。由此，必须培养具有科技伦理意识的人，让他们自觉遵守科技伦理规范。在科技活动中形成的伦理原则、规范和观念，完善和丰富了人类的社会伦理宝库，这些社会伦理规范构成了人类文明中最宝贵的伦理资源。同时，科技工作者的伦理观念与伦理行为又影响整个社会的伦理观念和伦理行为。通过科技活动与科学的普及等，科技的伦理规范内化形成为大众的伦理观念，这对公众整体道德水平的提升具有重要的意义。

4. 现代科技促成了思维方式的革新

现代科技促进伦理水平的提高不仅表现在为伦理的形成提供了知识前提，更重要的是促成了思维方式的形成与革新。思维方式就是一定时代人们的理性认识的方式，是人的各种思维要素及其结合按一定的方法和程序表现出来的相对稳定的定型化的思维样式。② 恩格斯曾深刻地指出："人的思维的最本质的和最切近的基础，正是人所引起的自然界的变化，而不仅仅是自然界本身。"③ 人的思想品德的形成，要通过自己的观察、思考和思想斗争，在思想品德的形成过程中，也不断地形成人们观察、分析和思考的能力。例如爱国主义与民族主义是传统伦理的基本观念和基本要求，但是随着科学技术的发展，全球化趋势日渐明显，各个国家不仅在联系上更加密切，在经济上也相互依赖，甚至面临的生态危机、核危机等也需要全球的力量联合应对。原有的狭隘的爱国主义与民族主义逐渐变得不合时宜，需要更新思维，强调全球意识。"现在人类居住的整个地区，在技术上已经统一为一个整体，因此在精神上也需要统一为一

① 参见吴伯田：《论科技的道德功能》，《科技导报》1996年第3期，第29页。

② 李秀林、王于、李淮春：《辩证唯物主义和历史唯物主义原理》，中国人民大学出版社1990年版，第268页。

③ 《马克思恩格斯选集》第4卷，人民出版社1995年版，第329页。

个整体。以前只向人类居住地区的局部地区，只向其居民和政府献身的政治热情，现在必须奉献给全人类和全世界，不，应该奉献给全宇宙。”①

从历史来看，科技经历了一个由古代到近代再到现代的发展过程，受其影响，人们的思维方式也经历了一个由混沌思维到二分思维再到整体思维不断发展与更新的过程。第一阶段是以混沌思维为主导的古代。古代的自然科学基本上停留在经验的总结和猜测性的思辨阶段，直观思维是渔猎经济时代的思维方式，形象思维是农业经济时代的思维方式。② 那时候的人们对事物的认识，主要是以直觉和零散的形式出现的，人们的思维方式是以狭隘的以经验为中心的混沌的思维方式。第二阶段是以二分思维为主导的近代。人们把研究的目光集中于事物的细节上而忽略部分与部分的关系、整体与部分的关系，往往忘记了自然是一个有机整体，人们的思维方式是一种割裂的主客二分思维方式，这种二分的思维是逻辑思维或分析性思维，这种思维成为了工业经济时代的思维方式。以此为主导，在选择上，人们往往以自然的绝对统治者的身份自居，结果导致对自然界的掠夺式开发，导致了人与自然和人与人的全面分裂。第三阶段是以整体思维为主导的现代。到了现代，随着科技的高度发展，人们逐渐认识到人与世界的关系不再只是局部中的特定对象和部分人的关系，而是整个地球和全世界的人的关系。这样，人与世界之间的关系的整体性显现出来。科技进步需要突破固有范式的思维方式。因而，人们开始形成了系统性的、综合性的、非线性的整体性思维方式，这种思维方式的特点是思维的整体性、综合性、非线性和创造性。我们看到，从思维的演进过程来看，一方面是对原有思维方法进行完善、深化与调整；另一方面要不断创造新的思维方法。

从中西思维的对比来看，我国古代科学技术发展水平不高，西方近代以来科技发展迅猛，我国古人的思维方式与近代西方人们的思维方式有所不同，这与传统文化具有一定的关系，也与中西科技发展的状况不同有关系。一方面，

① ［英］汤因比、［日］池田大作：《展望21世纪——汤因比与池田大作对话录》，荀春生等译，国际文化出版公司1985年版，第135页。

② 李微、蔡志强、章延杰：《青年学生人生价值重构：基于技术进步与社会发展的思考》，《思想·理论·教育》2004年第11期，第18~21页。

我国传统思维主要是一种直觉的思维。孔子主张对一切超验之物存而不论，“惟下学方可上达”；《大学》指出，“致知在格物”。①《中庸》主张“道”是最平常之物，离开日常生活的东西就不是“道”。中医里的“望、闻、问、切”之法也是直觉的直接表现。形象思维以形象作为思维材料，其思维过程是形象在头脑中被比较、分解、组合和再创造的过程，其成果以形象的形式表现出来。我国古代文学艺术水平高，也是形象思维发达的集中表现。在直观的经验的探寻中很难培养出分析精神和实证精神。另一方面，传统文化中科技实用的价值取向局限了人们思维的升华，人们往往不愿意去探究事物背后的原因，只是知其然，而不知其所以然。而科技对西方思维的改变却是革命性的。古希腊的逻辑学和数理化思想在唯理论者特别是笛卡儿与培根那里得到了充分发展。在此基础上，形成了欧几里得的几何学、托勒密地心说理论、牛顿力学及现代微积分等科技成果。西方思维强调思辨与逻辑分析，形成事物规律性的认识。另外，中国古代文化中对实验不重视，人们习惯从经验中获得对实物的认识，很少对事物的发展规律进行检验。而西方人一贯注重对知识的检验，西方科学从哲学与神学中脱离出来的标志就是实验，以致人们把近代科学又称为“实验科学”，实验的方法在科技发现过程中有着广泛的应用。爱因斯坦说：“西方科学的发展基于两个成就，即古希腊哲学家所发明（欧几里得几何中的形式逻辑体系）和（文艺复兴时期）对通过系统的实验找出因果关系的这种可能性的发现。”②中西方传统科技思维方式的不一样，这是不容置疑的，在应对现代科技发展的时候，要注意借鉴西方一些创新思维方式，要克服我国古代一些不利创新的传统思维方式。当然，也要注意继承我国传统文化与思维方式中一些优秀的因子，在现代科技发展的大背景下，不断地推进思维方式的变革，促进我国科技的发展。

二、社会对科技发展的正向作用

今天，科学技术促进了经济与社会的飞速发展，同时，社会也为科技的发

① 卫湜：《礼记集说》，《四库全书荟要》（经部第55册），世界书局1988年版，第662页。

② 《爱因斯坦文集》第1卷，商务印书馆1976年版，第292页。

展提供了基础条件。因此，社会不仅是孕育科学技术发展的实践场域，同时也对科技发展形成正向的推动作用，其主要体现为导向作用、规范作用、调控作用等方面。

(一)导向作用

首先，伦理导向作用。社会对科技发展的伦理导向作用集中体现在社会道德所蕴含的向善精神。爱因斯坦曾在《我的世界观》中说："照亮我的道路，并且不断给我新的勇气去愉快地正视生活的理想，是善、美和真。"①社会道德作为科学技术的内在尺度，制约科技发展的方向。施韦兹曾指出："善是保持生命，促进生命，使可发展的生命实现最高价值。"②科技的发明与创造是受社会支配的人所主导的。另外，人们对真理的探究是永无止境的。海森堡(Heisenberg)曾在引用拉丁语格言"美是真理的光辉"时说："科学的探索者最初是借助于这种光辉，借助于它的照耀来认识真理的。"③正是社会道德蕴含的美指引着人走向未来，基于此，社会道德必然成为科技发展的导向，科技是造福人类还是祸害人类必须借助于社会的力量。这样来看，科技工作者如果背离良知，势必给社会发展带来危害。可以说，善的东西都与主体的行为和品德有关，善对人类行为具有导向作用。"道德语境中的善仍然具有善的一般含义，亦即仍然以某种需求或利益或愿望的满足为特征。"④

其次，社会舆论的导向作用。如现代人们普遍反对使用细菌武器、核武器等，并对克隆人进行伦理的谴责，这些社会舆论制约了科技工作者的科技行为，在科技发展史上具有重大的意义，并对科技发展产生重要的影响。譬如黑暗的中世纪严重阻碍了科学技术的进步，而文艺复兴以来，社会进步有力地支

① 《爱因斯坦文集》第3卷，商务印书馆1979年版，第43页。

② [法]阿尔贝特·施韦兹：《敬畏生命：50年来的基本论述》，陈泽怀译，上海社会科学出版社1996年版，第131~132页。

③ [德]海森堡：《精密科学中美的含义》，《自然科学哲学问题丛刊》1982年第1期，第44页。

④ J. L. Mackie. *Ethics: Inventing Right and Wrong*[M]. New York: Penguin, 1977: 59.

持和推动了科技的发展。无疑，一定的社会氛围为当时的科技发展创造了良好的舆论环境。

最后，价值观的导向作用。科技活动中主体对客体的活动，有一定的价值观作为支持，这种价值观规范着科技的发展，形成强大的凝聚力，推进科技的进步与发展。例如协作精神作为科研过程中价值观的集中体现，是促使科技实践活动取得预期成果的力量来源，推动着现代科技走向合理化。

（二）规范作用

20世纪40年代初，默顿(Merton)在《科学的规范结构》中指出，科学的精神气质是有感情情调的一套约束科学家的价值和规范的综合。他进一步提出了四种规范作为科学精神的组成，那就是普遍性，共有性，无偏见性，有条理的怀疑性。① 刘大椿教授认为，有必要形成一定的科技伦理规范，诸如“追求真理，勇于创新；认真严谨，精益求精；热爱自然，珍惜资源；团结协作，乐于奉献；谦虚谨慎，敢于负责；合理检验，勇于怀疑；公正无私，诚实无欺；学术民主，竞争自由”。② 这些规范既是科技活动的原则，又是社会道德的内容。这些规范对科技的发展具有重要的意义，既能对科技活动予以合理的定向，也对从事科技活动的人员具有导向作用，使他们的科技活动不偏离一定的社会方向。

1953年，沃森(Watson)和克里克(Crick)发现遗传物质DNA(脱氧核糖核酸)的双螺旋结构。尔后，基因重组技术于20世纪70年代初取得了重大突破，这意味着人类有可能通过基因移植创造出新的物种。作为基因重组技术的开创者之一，美国斯坦福大学的保罗·伯格(Paul Berg)教授意识到，基因重组有可能造成难以预料的后果，他毅然决然地暂停实验，公开呼吁要注意重组DNA的“潜在生物危险”。③ “重组DNA分子国际会议”于1975年2月召开，

① [美]默顿：《科学的规范结构》，林聚任译，《哲学译丛》2000年第3期，第56~60页。

② 刘大椿：《在真与善之间——科技时代的伦理问题与道德抉择》，中国社会科学出版社2000年版，第125页。

③ 参见沈铭贤：《科技与伦理：必要的张力》，《上海师范大学学报》(哲学社会科学版)2001年第1期，第11~16页。

会议对实验的伤害问题制定了若干规范。会上科学家首次提出因一些伦理道德原因而暂停一些科学实验，这对未来科技发展具有一定的规范作用。从这些例子我们可以看出，由于一定的社会规范作用，我们对科学研究设定了一定的限度，规定科技活动不能给人类社会带来危害，这也是社会发展对科技提出的要求，对科学家具有一定的警示作用。

(三)调控作用

伴随着现代科技的不断扩张与发展，科技应用所产生的不良后果越来越明显，环境污染、生态失衡、能源危机、人口过剩等问题随之大量出现。在这种背景下，科技的发展已经不是纯粹的一种研究活动，科技工作者不应使自己的工作局限于追求真理的范围，局限于只对科技成果的价值负责或只对自己的理想负责，而是要确保科技不能损害人与社会的利益，不损害自然生态环境。科技的发展与应用需要遵循人类社会的发展要求。

在工具理性日趋膨胀与价值理性日渐衰微的现代社会里，科技工作者应高扬人文精神，倡导价值理性，以人性与真善美尺度去认识和改造世界。社会发展要求引导着人们认识科技发展的目的，让科学技术实现人类自由与解放。其中，就社会道德而言，社会道德作为一种人的自主力量，在促进经济社会发展的同时，也不断地充实着自己的内容。“道德规范，需要从调节人与人、人与社会的关系扩展到人与大地(自然界)的关系，把道德权力扩大到一切自然界的实体。”①同时，要大力弘扬合作意识与集体主义思想，利用现代科技成果造福整个社会，让人道主义精神得以弘扬，为现代科技的可持续发展与科技成果的运用提供重要保障。

社会对科技的发展与应用具有强大的调控作用，这种调控作用体现在社会调控着科技发展的方向上。一项科技成果能不能在实践中进行应用，一方面看是不是符合规律，还有社会的包容性问题，如果社会排斥这项科技的发展与运

① [美]奥尔多·莱奥波尔德：《沙乡的沉思》，候文蕙译，经济科学出版社 1992 年版，第 98 页。

用，那么这项科技的发展与应用就不能顺利进行。另一方面，一些技术的不当运用会对人类带来灾难与毁灭性打击，比如克隆技术、基因编辑技术等，我们要充分考虑到社会的调控作用，避免这种技术的滥用或不当使用，以免造成不可逆转的社会后果。

第二章　生命科技的社会审视

生命科技提供了现代性技术社会最基础的视角——对社会成员本身的生物性本质的思考。社会的技术化开始于也最终体现于人本身的技术化，因此基因、干细胞等新兴科技领域打开了人类彻底变革自身的序幕。在这个过程中，科学探索、商业利益、公众诉求交织在一起，展现了生命科技给社会带来的挑战与机遇。建立完善的社会评价、伦理规范、行动共识势在必行，21 世纪的社会将会是生命的社会，是地球每个生命的共同体。

第一节　生命科技挑战社会伦理

生命科技的发展与人类、社会的发展密切相关。它对人类经济和社会生活、社会进步都有着深刻而广泛的影响。生命科技的发展让人类更好地生存，帮助人类不断进步。生命科技与人类文明互相促进，共同发展。生命科技从诞生之日起就备受争议，当生命科技发展到一定阶段时，势必对我们所处的社会带来挑战。如果我们不能恰当地处理这些来自人类自身的矛盾，人类的发展就会陷入困境。但我们应始终明确，人文价值与人本精神是人类社会发展的核心，任何科技都必须围绕人文的内涵展开。

一、生命科技带来的社会问题

在古代，由于认识条件和认知能力不足，人类不能对生命做出科学的解释。但随着近现代自然科学的快速发展，人类具备了研究生命的能力，开始了对生命的探索，于是，生命科技诞生了。我们惊讶地发现，生命科技正不断地改变着我们的生活。但是，我们也必须认识到，生命科技正在以它独特的方式挑战着人类当前的社会。

生命科技对社会的挑战首先表现在生命的产生上。在这方面克隆技术极具威胁。克隆，其本身的含义是无性繁殖，即由同一个祖先细胞分裂繁殖而形成的纯细胞系，该细胞系中每个细胞的基因相同。即不需要通过自然生殖的方式获得胚胎细胞，只需要将所需要的细胞复制，然后进行培养，最终产生一个和母体具有相同基因的个体。这个过程看似简单，却引发了极其复杂的社会思考。

生命是自然进化到一定阶段的产物，本身就是自然的一个组成部分，具有自然的所有属性。在这一意义上，生命的产生、进化、衰退、死亡皆需符合自然的规律。自然界的每一个物质都在其特定的运行轨迹上运动和变化着，人也一样，从最开始的单细胞生物出现，生命就开始了它的进程。在数十亿年的时间里，自然给予了生命所需要的各种条件，由简单到复杂，生命最终表现为现在的各种各样的形态，而这个历史过程是人诞生的必要条件。我们传统的观念认为，生命是自然的产物，其最终的发展状况是受自然支配的，任何外力都无法干预这个过程，于是产生了“无为而治”“顺天而为”等思想观念。人们所有的道德观念、社会观念都来自生命产生的这一历史过程，由此可以得出：时间这一重要维度在人们的社会观念及思想观念中具有非凡的意义。

克隆引发的问题首先是血缘关系的定义问题。如何对血缘关系进行有效的定义，过去我们普遍认为，血缘关系是由婚姻或生育而产生的人际关系，而当我们鉴定血缘关系的时候，却是根据两个人之间基因遗传的序列来做出判断的。因而当我们面对两个克隆人的时候，二者具有的相同基因与遗传信息使我们很难说他们之间没有血缘关系。问题在于，如果我们承认二者之间确实具有某种关系，至少是基因上的关系，那么我们就势必会从社会方面考虑克隆人与母体之间的关系以及具有相同基因的克隆人之间的关系。传统观念中的时间因素在这时便体现出来，年长者相比于年幼者，被认为在社会中具有更高的权力与地位。那么作为同一代复制产生的克隆人，是否能根据他们成为个体的先后顺序来确定他们在社会伦理上的顺序呢？我们难以想象，具有完全相同基因的克隆人因为时间问题导致一部分人被认为是“长辈”，而另一部分人被认为是“晚辈”。或者说，“基因关系”+“时间顺序”这一公式是否可以定义克隆人之间的特殊关系？要知道，克隆人与自然产生的人同处于一个社会中，必须遵循同一套社会法则，但是在既有社会法则显然不能够适用于克隆人群体时，我们又必须为其确定一套另外的社会法则，这两个法则由于基因的联系而产生巨大的矛盾，以至于我们根本无从解决。

其次，克隆带来的问题还反映在生命的历史进程上。既然我们承认，生命的产生、发展、衰退、消亡必须符合自然法则，我们就必须承认对该过程进行干预是不符合自然法则的。每一个生命都具有必然的周期性，但克隆使得我们以一种特殊的方式颠覆了这个循环。试想，当某天我们对一个人进行复制，是否可以认为是同一个生命在不同的时间段里存在，并且可以一直通过不断复制的方式一直存在下去，无视生命产生、发展、衰退、消亡的自然周期？如此一来，生命的多样性就不复存在。生命的产生由之前的从简单到复杂变成了从复杂到简单，生命诞生的漫长历史进程就只是提供了克隆的一个条件；生命的发展由从前的动态进程变成了凝固的静态状态，生命的发展也就无法继续进行；生命的衰退将不再成为问题，人们可以在生命衰退时放弃原先的“自己”，复制另一个自己；生命的消亡也就从一个必然走向了另一个必然。我们发现，我们传统的自然伦理观念是一个圆形的思维，我们相信一切都是从产生到消亡再到产生周而复始、生生不息，并且是螺旋式上升发展的；克隆人带来的伦理观念却是一个射线形态的思维，从一个起点出发，延伸到无穷远，只有起点，没有终点。这又是克隆带来的另一对伦理观念矛盾。

二、生命科技的社会参与

生命科学本身是一门专业学科，但是当生命科学的发现应用到社会场景中时，生命科学中的问题就不再是科学共同体的内部问题，公众有权对影响自己生活甚至生命健康的技术产品发表意见，特别是有权加入规范、管控这类技术产品的过程中。

(一)生命科学共同体知识与社会大众知识

生命科技本身是对于社会契约的一种挑战，因为对于整个社会来说，关心生命科技成果但又无法理解生命科技内在逻辑的大众占绝大多数，由此在是否选择生命科技产品这个问题上，社会产生了分歧。① 这种分歧本身不涉及伦理问题，但是处理分歧的方式是有善恶之分的。目前之所以出现如此多的转基因食品争论，根本原因不在于转基因科技是否存在科学上的错误，也不在于转基因食品是否达到了其承诺的效果；其根本的原因在于，转基因食品是否以一种公众接受的方式提供给社会。所谓对社会契约的破坏，体现在政府、生物科技公司、科学共同体直接为大众做出了决策，这就越过了社会契约最初的约定框架。在生命科技领域，专家知识是占据主导的，而公众参与的权利在逐渐减少，这是生命科技带给我们的伦理难题。

实际上科学知识本身就有一种倡导自我、传播自我的倾向，因为实验科学来源于现实中的实践，这种知识本身需要与社会、文化融合在一起。因此生命科学也是一种倡导性科学(Advocacy Science)，其体现在转化成大众知识与政策知识的倾向上。② 这种自我倡导、说明、传播本身，已经假设了科学的非中立性，因此也被许多科学工作者所不能接受。倡导性科学的优势在于，其本身就在说明科学的伦理负载，在价值问题上做出了判断。这种倾向本身就是生命科学的倾向与其倡导的内容，但是目前生命科学的研究者们没有把注意力放在反思这些倾向上，而是继续按照原来的范式从事科研。而媒体与公众对于这些信息的挖掘从未停止过，这也形成了生命科学与社会的交锋。生命科学这种明显的伦理倾向，以及这种倾向背后复杂的科学知识，逐渐加剧了科学共同体与公众之间的伦理分歧。

---

① Bruce D M. *A Social Contract for Biotechnology: Shared Visions for Risky Technologies?* [J]. Journal of Agricultural & Environmental Ethics, 2002, 15(3): 279-289.

② Gerasimova K. *Advocacy Science: Explaining the Term with Case Studies from Biotechnology*[M]. Science & Engineering Ethics, 2017, 24(3): 1-23.

(二)生命科学中的大众认识论

公众对生命科学的参与，表现出一种以往在公众理解科学中未曾出现过的情景，这集中体现了公众对知识的获得与科学家团体对于知识的获得之间的差异。① 公众不同于科学家，无法基于经验证据，通过理性推理的方式获得知识。公众知识是一种默会知识，但是这种默会知识又与迈克尔·波兰尼(Michel Polanyi)的默会知识不同。波兰尼认为专家知识是一种默会知识，即科学共同体的知识是一种默会知识。而科学家的默会知识与公众的默会知识不同之处在于，科学家的默会知识是基于我们前面所说的科学认识论，而公众的默会知识是基于不确定性，例如对于政府不公开生命科学研究的目的的怀疑，对于科学家扮演上帝角色的担忧，以及朴素的常识知识提供的类比判断。总之，这些是不同于科学认识论的"公众认识论"(civic epistemology)。②

生命科学的政治讨论中，公众认识论相对于科学认识论的优势在于：科学认识论依旧没有发现自己处于不确定性的基础之上。这种不确定性表现在两个方面，第一个是对于生命科学发展逻辑的不确定。目前的生命科学也尚不知道对于基因等生命基本特征的修改，对于生命体造成的影响将会是什么。目前生命科学的研究只能基于现有的数据，给出相关性描述。而对于干细胞、人体增强等生物技术的下一个研究阶段可能给人类甚至整个生态圈层带来的影响，无人能说得清。第二个是对于责任分配的不确定。生命科学的应用成果早已走出了实验室，并且对现实世界产生了不可逆的影响。我们如何看待这些影响所带来的消极后果，成了目前可以限制生命科学发展的一个重要方面。理论上，科学是一定会有失误或者错误的，而现在生命科学所涉及的内容，其失误影响的范围之大、作用之深，远不是生命科学的研究者群体可以承担的。那么如何建立一种全社会共同参与、风险责任共担的机制，让所有人都正确地认识自己的

① Ezrahi Y. *Grove-White R*, *Robins R*, *Controlling Biotechnology*: *Science*, *Democracy and "Civic Epistemology"*[J]. Metascience, 2008(17): 177-198.

② Ezrahi Y. *Grove-White R*, *Robins R*, *Controlling Biotechnology*: *Science*, *Democracy and "Civic Epistemology"*[J]. Metascience, 2008(17): 177-198.

命运与职责，这既是公众的义务，也是科学共同体的责任。

第二节　生物技术发展及其社会争论

随着近年来技术的不断进步，生物技术也有了很大的发展，它的出现逐渐渗透并影响着人们的生活，人们对此有支持、有反对。反对生物技术和转基因食品的声音此起彼伏，让人们对全球化的食品市场产生了安全与监管上的质疑。虽然安全性是最主要的关注点，但是生物技术带来的其他政策、伦理、法律问题同样值得我们去进一步关注。

一、生物技术发展的社会评价

对生物技术产品的评价需要公众参与，生物技术发展本身也需要得到社会全面、充分的评判。对于一项技术的预防式评价，可以最大限度地避免该项技术在未来陷入控制困境。但是同时，对一项没有现实影响的技术进行评价，有可能导致悲观论或阴谋论的泛滥。在具体的评价指标、体系设立时，应该审慎地对待一项新兴科技。

（一）生物技术发展在经济方面的社会评价

在古时候，选种改良对于水稻种植是很关键的，而粮食的丰收则关乎社会经济的稳定。试想，倘若作物不能丰收，国家的粮食不充足，社会能够稳定吗？基本温饱问题的保证是发展经济的基础，而要解决温饱问题，则绕不开对生物技术的运用。现在全球转基因作物掀起种植热潮，就是因为其产量高。

现代生物技术的突飞猛进对社会经济的带动作用是无可估量的。转基因技术、克隆技术、细胞工程、酶工程等，每一项新技术的出现和发展都会创造出一条产业链来。毕竟是高科技产物，如果经济效益不高，怎么会有那么多人去追捧呢？

(二)生物技术发展在科技方面的社会评价

生物技术本就属于自然科学，而科学与科学之间又是相互关联的。生物技术发展需要的很多精密仪器都是立足于光学、电磁学等其他科学的，而生物技术的成果也有利于医学、生态社会等学科的发展，尤其是在医学方面，非常多的医学难题通过生物技术得以解决，在生物制药上更是成就斐然。

(三)生物科技发展在军事方面的社会评价

对生物技术最恐怖的应用莫过于生物武器了。细菌武器和基因炸弹等生物武器在军事方面的威慑性极强，但由于目前的生物武器太过不人道以及可控性太低，被国际联合禁止了。不可否认的是生物武器在战场上杀人于无形的恐怖威力。随着科学技术的发展进步，人们对生物技术研究的深入，相信总会有一些适合的生物武器出现在战场上。毕竟战争双方都想获胜，只要条件允许，什么武器都想拿出来。

(四)生物技术发展在伦理方面的社会评价

现代生物技术的社会伦理争论或许是最多的。其实也不难理解，社会道德伦理是会随着时代的进步而进步的，现代生物技术的发展可以说是远超目前社会道德伦理承受限度的。例如克隆人的利用、转基因技术的广泛使用等先进生物技术的发展都受到当前社会伦理的制约。近几百年来，自然科学的发展程度远超人文科学，但高精尖的生物技术毕竟只有少部分人能理解，而从大众的角度去评判这些生物技术，总归是有问题的，就如近代清朝的一些人视西方工业机器为奇技淫巧一般。当然，如果任由那些科学家们发挥他们天马行空的思维自由地搞研究，谁知道会弄出些什么东西来。所以，社会道德伦理对科学的限制作用还是很有必要的。自然科学与人文科学就像太极图中的白与黑，是相互促进、相互制约的。科学家身具丰富的人文素养，才能正确地研究科学，将科学引向对社会有益的地方。而科技的发展推动时代的前进，社会道德伦理也会适应时代，更好地引导科技发展。

(五)生物技术发展在生态方面的社会评价

生物技术本质上来说就是一门研究自然生物的技术，与生态环境可谓密切相关。人类通过改造各种生物，对自然生物资源进行充分的利用，以达到有利于人类社会发展的目的。在这过程中，要说对自然生态没有影响那肯定是假的，光是转基因作物造成的生物入侵案例就有不少。当然，在社会与政府的积极引导下，负面影响不会很大。生物技术毕竟是用来帮助人类的技术，在对虫害的治理、对濒危生物的保护、对农田环境的可持续利用等方面，生物技术都有不小的贡献。

二、生物技术的技术伦理评价

近些年来技术评估与伦理评估的结合，让我们看到了技术伦理的双向作用：一方面，我们在使用伦理的原则去进行技术实践；另一方面，我们通过实践来修正伦理原则本身。在生命科学领域，生命科技的突破性进展改变了我们对生命本质的认识，经典的伦理学原则开始变得不适用于现代生命科学的实践活动，也不适用于应用了最新生命科学成果的日常生活。

(一)食品的伦理评价

传统的生命伦理基于人工物、生物与自然界之间清晰的边界，这与西方现代伦理学诞生于工业革命之前这一事实有非常大的关系。但是随着人类实践活动的不断深化，我们发现没有纯粹的自然界，也没有纯粹生物意义上的人。到今天，人对于植物、动物的人工化已经到了前所未有的程度，种植业与畜牧业的发展打破了社会与自然的分野。甚至人本身，也有了人工化的倾向，越来越多的人造物被植入人体，生物科学改造的器官也是现代人生活中不可或缺的一部分。基于这种传统边界的模糊性、跨越性，我们必须重新认识动物伦理、环境伦理甚至人的伦理中的原则，这是现代生命科学给我们带来的新的生存境遇。

动物食品就是一个打破这种界限的例子。在前现代社会中，甚至在20世纪食品工业化之前，人们对于畜牧业中的动物的认知标准还是自然化的。我们如何评价动物食品，来自我们对于饲养者、销售者的观察，但是对于今天的工业化食品来说，肉、蛋、奶只是一种最终呈现，我们依靠这种最终呈现的商品样态来判断食品本身，是没有任何效力的。今天的食品消费者依靠的是国家食品安全标准，依靠的是市场监管，以及媒体对于食品本身的塑造。这不同于我们原来对食品本身的自然化理解，即依靠与食品质量相关的自然条件来判断食品。今天我们依靠自身对于生命科技的信任来选择，我们可以选择转基因大豆，也可以不选择，其判断依据不是我们真实地看到转基因大豆与非转基因大豆的自然条件，而是基于我们对整个社会对于转基因的知识建构。难道前现代社会的自然见证方式可以获得更健康的动物食品吗？自然条件也并不能保证这些，生物疾病、基因缺陷使得未经生命科技改造的动物远没有今天安全。但是今天的食品安全、动物伦理问题又是从何而来呢？即便从最保守的程度，我们也可以说，我们不再以自然的方式理解生命本身，而是从社会文化的层面来建构生命本身。

动物食品的伦理问题与风险问题之间的边界也在不断变动。在 20 世纪 90 年代的奶牛使用生长激素(BST)的案例中，学者发现，在伦理审查委员会的眼中，伦理问题就是对“动物不适”的风险—收益分析。① 在生物技术的伦理研究者眼中，自然主义谬误是双重性的：一方面，按照普通的自然主义谬误来理解，坚持环境伦理观点的学者是有问题的，因为他们坚称自然界的现状是有伦理意义的，即认为自然界所是即应是。但是另一方面，生物技术在食品中的使用也有以人类价值绑架自然价值的“自然主义谬误”，因为我们认为使用技术手段来提升动植物的产量等在道德价值上是“好的”，即社会所是即应是。这既体现了社会价值与自然价值的二分，也体现了技术评价与道德评价的二分。

在 BST 使用的案例中，科学的发现在于，BST 的使用会降低牛的免疫力。而事实上，免疫力降低本身与牛奶的质量之间没有事实关系。问题出在应对免

---

① Levidow L, Carr S. *How Biotechnology Regulation Sets a Risk/Ethics Boundary*[J]. Agriculture and Human Values, 1997, 14(1): 29-43.

疫力下降的方式是使用抗生素，而抗生素是牛奶制品中的敏感物质。这种食品上的微妙差异，让伦理评估变得非常困难，因为从科学事实上无法推出伦理问题。而从动物伦理上看，工业化生产中的牛如果因为人的利益趋动而导致福利下降，那就存在动物伦理的问题，免疫力下降也属于这一范畴。但是从食品安全上看，这个风险是不明的，因此各国伦理审查组织面对这一问题给出了不尽相同的结论。最有伦理学讨论意义的就是，食品伦理没有关注牛本身的福利问题，而是在食品的风险与食品收益之间取得一个价值判断，来与动物福利本身去权衡。这样，食品生物技术的风险问题与伦理问题就合二为一了，因为当科学事实没有提供任何善恶判断时，我们会把预测性、未来的社会价值放入伦理讨论之中。

植物食品在与生物技术的互动中，也产生了诸多技术上需要反思的问题，例如转基因、农业化工产品使用、太空育种，以及这些技术使用于种植业中的时候，导致公众对食品技术的怀疑与反对。① 除了对食品安全的担忧，种植业作为人类文明历史中最悠久的生产方式，与自然环境的互动也存在伦理问题。② 长久以来，人类培育的植物一直在与自然界交换生物信息，同样种植业中的生物在被人类所驯化、影响的同时，也在与自然界中的生物物种交换信息。而最新的基因技术、纳米技术在种植业中的应用，必然会带来整个生物圈的信息变化。这种变化在目前看来没有过多的负面影响，但是生命演化的过程是缓慢、不可逆的，如果不采取保守的生命伦理实践方式，那么在剧烈的生物圈后果来临之际，控制问题就将变得困难重重。

(二)纳米生物技术的伦理风险评价

1. 纳米生物技术的伦理挑战

从生命伦理的角度看，纳米神经治疗和纳米生物人体增强技术存在较大的

① Thompson P B. *Food Biotechnology in Ethical Perspective* [J]. Dordrecht: Springer, 2007: 5-7.

② Thompson P B. *Food Biotechnology in Ethical Perspective* [J]. Dordrecht: Springer, 2007: 28.

伦理争议。从治疗和恢复的角度看，纳米技术的副作用具有隐蔽性和不可预测性；从增强和改造的角度看，纳米技术在人的完整性与社会平等的问题上也带来了前所未有的挑战。最新的纳米生物技术伦理研究较多地关注纳米技术发展所产生的基因修改和人体增强对社会产生的风险，① 很多学者认为纳米技术在未来也会产生跟 AI 一样的问题，它不只是简单的肌体增强，还会使人在社会化和道德化过程中面临跳跃性所带来的功能认识谬误。纳米生物技术同样也在威胁着人的整体发展，如“数字鸿沟”一样，“纳米鸿沟”也会慢慢产生，② 这是所有新的突破性技术都会导致的共性问题。

总的看来，在预测纳米生物技术的潜在成果时，人们会根据对自己相关利益的感知来区别对待不同的纳米生物技术应用，然而伦理或者道德相关的问题并不是技术消费者与技术专家产生感知差异的主要原因，纳米生物技术之所以存在不确定性，也是由于其自身的特殊性质：③ ①同种物质在纳米尺度的行为较之于其在宏观、微观中的行为更无法预测；②纳米尺度粒子对于细胞膜的穿透性，尤其是在威胁人体健康方面，尚无法预料。

2. 纳米生物技术的伦理风险评估与治理

在对纳米生物技术的伦理风险评估中，对人可接触的人工物进行技术检测是当前最主要的评估方式。从纯粹的技术细节上讲，纳米有害性检测与其他一般有害性检测面临同样的问题，逃脱检测、检测不彻底、瞒报结果等都是常见的问题。④ 除了这些常见的伦理风险外，基于纳米粒子的特殊性，纳米检查本

---

① Gupta N, Fischer R H, Frewer L J. *Ethics, Risk and Benefits Associated with Different Applications of Nanotechnology: a Comparison of Expert and Consumer Perceptions of Drivers of Societal Acceptance*[J]. NanoEthics, 2015, 9(2): 163.

② Gupta N, Fischer R H, Frewer L J. *Ethics, Risk and Benefits Associated with Different Applications of Nanotechnology: a Comparison of Expert and Consumer Perceptions of Drivers of Societal Acceptance*[J]. NanoEthics, 2015, 9(2): 163.

③ Patra D, Haribabu E, Mccomas K A. *Perceptions of Nano Ethics among Practitioners in a Developing Country: A Case of India*[J]. NanoEthics, 2010, 4(1): 67-75.

④ Patra D, Haribabu E, Mccomas K A. *Perceptions of Nano Ethics among Practitioners in a Developing Country: A Case of India*[J]. NanoEthics, 2010, 4(1): 67-75.

身就存在一种破坏性。它不仅简单地同意了一种从微观到纳米尺度的标准移植，还过高地估计了各国检测体系面对诱人技术前景时的自制力。①

因此，要对纳米生物技术的风险进行治理。在伦理治理中，纳米生物技术风险的核心问题以及治理方式都会得到讨论，同时治理者也会为风险决策和风险沟通提供准则，从而可以在设计、开发和应用各个环节形成预防、行动、评估的完整系统。

纳米生物技术伦理是一个年轻的领域，甚至是一个很多学者都不承认的领域。经典纳米生物技术伦理的内部划分大致遵从纳米技术研究本身的划分，而近年来纳米生物技术伦理研究的领域越来越多，简单地说，纳米生物技术伦理研究包括三个方面：①应用伦理；②技术评估；③风险预防。

3. 纳米生物技术与人体增强

另外一个值得关注的问题是纳米在身体技术中的使用，认知、人体增强和医疗都属于这个领域。首先，纳米—神经技术的伦理预防性治理得到了诸多学者的认可，② 展现出了纳米伦理在医学中的贡献。不过在解决伦理问题的同时，人们也在发问：纳米生物技术是否带来了过去在生物科学伦理和信息技术伦理的框架下无法解决的伦理问题？要回答这个问题，纳米生物技术的伦理意涵就要从两个方面来考虑：治疗和增强。

从治疗的角度讲，这种技术的伦理价值非常明显，就是使人摆脱和远离疾病状态。③ 但是基于经典的 WHO 的健康定义，至少对于“社会福祉”(social well-being)这一项要求，纳米生物技术还需审视自身。从增强角度讲，伦理的问题就没有那么清晰了。首先，包含纳米生物技术在内的汇聚技术对于人体增强的贡献是巨大的，由此也会引起很多伦理问题。从宏观上讲，这是人类繁

① Patra D, Haribabu E, Mccomas K A. *Perceptions of Nano Ethics among Practitioners in a Developing Country: A Case of India*[J]. NanoEthics, 2010, 4(1): 67-75.

② Hays S A, Miller C A, Cobb M D. *Nanotechnology, the Brain, and the Future*[M]. Springer Netherlands, 2013: 84.

③ Bainbridge W S, Roco M C. *Managing nano-bio-info-cogno Innovations*[M]. Springer Netherlands, 2006: 127.

荣、社会进步的问题；从微观上讲，这是自然平衡、人性完整的问题。① 其次，很多学者认为公众对于纳米增强的理解过于夸大，因为从目前的技术水平看，人体增强的很多内容还属于未来学的范畴，这跟“灰谷”的处境差不多。而对于已取得进展的技术，例如基因增强，在理论上面临人的物理完整性概念本身的挑战，比如，“我的记忆力比别人差”是一种完整性的缺失吗？或者说，一个人具有超强的记忆力是否危害到了他人的完整性，甚至健康？对这些问题的不同回答可以导致不同的伦理取向。最后，从实践上讲，纳米人体增强技术可以提高生活质量，从一定的意义上，增强与治理的界限是否真的需要分得那么明晰吗？②

其实纳米增强的伦理问题属于一个更基本的现代性问题：人是否可以实现自我完成，换句话说就是，人的上限是不确定的吗？纳米生物技术给这个问题带来的新问题是：认知能力的不断拓展是否在今天真的带来了物理身体的突破？这些问题都需要在纳米身体技术的框架下得到回答。然而纳米伦理的研究却发现，不仅是新问题层出不穷，一些在旧的框架下得到处理的伦理问题进入纳米领域后也无法回答了。总的看来，对于纳米伦理的质疑非常多，大致分为三种观点：①纳米领域的专业人士已经足够了解自己所面临的问题，不需要所谓的纳米伦理学；②纳米伦理所解决的伦理问题跟纳米生物技术没有太多关系，或者说，这些伦理学家是在拿纳米来说一些老生常谈的伦理问题；③对纳米伦理的研究不但是一种资源浪费，也干扰了纳米研究本身的资源获取。

以上三种质疑与担忧点出了纳米伦理发展的困难。首先是专业性的质疑，这在许多新兴学科伦理中都出现过，伦理学自有其本身的专业性，这也是纳米生物技术作为一种技术不能抗拒的。其实对于来自伦理学内部的责难，是最难回应的，因为如前所述，纳米伦理腹背受敌，没有答案的新问题和答案不适用的老问题都是纳米伦理需要回答的，但这也展现了纳米伦理研究的必要性。此

① Kantak K M, Wettstein J. *Cognitive Enhancement*[M]. Springer Cham, 2015: 257-265.

② Bainbridge W S, Roco M C. *Managing nano-bio-info-cogno Innovations*[M]. Springer Netherlands, 2006: 129.

外，从建制上讲，在规范性面前，利益冲突需要平衡，伦理审查需要通力合作，这也是技术伦理的社会导向问题。

第三节　全球生命社会学的发展与构建

随着时代的发展，人们越来越关注生命社会学的发展。生命社会学或生命科学与西方的生命科学不是同一概念。东方的生命科学以对内在生命探索为宗旨，而西方生命科学准确而言是生命体科学，以运用自然科学、物理方式研究人的身体作为研究对象而产生的一门科学。现代科学技术发展极大地推进了社会的进步，尤其生命科学领域的进展给我们的生活带来了翻天覆地的变化。生命科学与生物技术已经成为当今最为活跃的科技领域之一，人类对生命活动基本规律的认知水平达到了前所未有的程度，其地位和作为是不言而喻的。①

一、生命社会学

生命社会学虽然目前还没有明确地被学界所提出，但实际上从事生命科技STS研究、生命知识研究，以及进行生命科学的社会伦理、政策研究的学者，正在不断完善、充实生命社会学本身。生命社会学将很快拥有自己明确的学科论域。

（一）产生背景

生命社会学是基于社会生命科技发展而出现的学科。随着第四次工业革命的到来，生命科学行业将继续走上一条变革性的技术之旅。各类颠覆性的新技术正在为生命科学的发展创造一个变革性的机遇，而科学成就也正在以创纪录的速度增长。人类社会漫长的发展过程是一个不断前进的进程，无论以什么理论或手段去彻底否定“生命社会学”都是片面的。分析和研究它，并不是要鼓

① 王孝龙：《生命科学浅论》，《商情》2018年第9期，第15页。

吹所谓的“精英政治”，而是要从中汲取可用之处，推动社会不断向前。

(二)研究对象

生命学研究的对象是整个社会的生命体，包括植物、动物、水、空气，甚至整个地球和太阳，而社会学是系统地研究社会行为与人类群体的学科，起源于19世纪三四十年代，是从社会哲学演化出来的现代学科。社会学是一门具有多重研究方式的学科，主要有科学主义的实证论的定量方法和人文主义的理解方法。它们相互对立相互联系，共同发展及完善一套有关人类社会结构及活动的知识体系，并以运用这些知识去寻求或改善社会福利为主要目标。

(三)理论基础

在构建生命社会学的过程中不可避免地要提到达尔文主义。社会达尔文主义理论核心就是“弱肉强食，物竞天择，适者生存”的观点，用这种观点解释社会现象，即在人类社会中，与自然界一样存在着弱肉强食、适者生存的规则；提倡为了自己的社会生存而激烈竞争，用竞争赢取一切生活所需的物质资料，竞争中的优胜者就理所当然地获得生存权、发展权，而竞争失利的人只好被社会淘汰，这就是物竞天择的实质内容。这种竞争在人类社会发展的初期表现为部落间的斗争，随着人类社会的发展，逐渐演变成国家民族间的战争。现代文明的发展使人类摆脱了以前的野蛮状态，也懂得用和平的方式解决争端，这样一来，全球化和和平发展的主题就使得国家民族间的竞争主要放在经济领域。虽然地区争端不断，但国际趋势总的来说是向和平合作发展的。这使社会达尔文主义在今天有了新的内涵和意义。

(四)理论意义

目前，生命科学行业公司正在通过拥抱这些新技术(包括3D打印、人工智能、云计算、大数据、物联网、区块链、机器人流程自动化、数字医疗、基因疗法、CAR-T等)以及建立以患者为中心的文化为未来作准备。战略联盟和新的经营模式也将有助于整个行业的增长。但增长的同时，也出现了一些不确定性，包括定价压力、基于价值的契约、地缘政治气候和政策的变化等。但是，生命科学行业公司会积极采取措施迎接这些挑战，其对全球生命社会学的完全构建具有重要意义。

二、生命科学 2.0 时代的社会问题

生命科学在 1.0 时期，面对的是现在看来属于实验科学的禁区。当然，即便是最基本的生物实验，也会面临伦理规范上的考量。但是今天的生命科学较以往而言，对生命本质的干预能力越来越强，试图扮演上帝角色的倾向也越来越明显。因此在今天进入生命科学 2.0 时代的讨论，可以帮助我们更为关注最具争议的生命科学论题。

(一) 生命科学 2.0 时代的主题

生命科学被认为在 2010 年左右进入了 2.0 时代，迈入 2.0 时代主要有 4 个标志性事件：①

1. 人类基因组计划 10 周年

人类基因组计划从 1990 年开始，在医学上取得了开创性的进展。除了在医学、生物学上的成功外，人类基因组计划在科学意义上否定了人类种族的优劣之分，建立了全球范围内的基因库，也在科学上肯定了人类基因的宝贵价值，具有积极的社会意义。

2. 诺贝尔医学生理学奖颁给了试管婴儿疗法的提出者

作为医学成就，罗伯特·爱德华兹(Robert Edwards)提供了解决全球不孕不育伴侣的生育问题的方案，这部分人口大约占总生育愿望人口的 10%。更重要的是，这项技术开创了一个新的生命纪元，即人可以从实验室中被创造出来。这在基因层面上挑战了生命规则，因为不孕不育具有遗传性特征，即便是

① Capella V B. *Biotechnology, Ethics, and Society: The Case of Genetic Manipulation, in New Perspectives on Technology, Values, and Ethics*[M]. Springer International Publishing, 2015: 17.

试管婴儿也会在很大几率上遗传其父母的不孕不育性状。这挑战了生命的基本逻辑：再生产的内在延续性。试管婴儿从根本上讲并不是治愈了不孕不育这种疾病，而是改变了人类族群的繁衍方式。另一个直接的后果是，许多有生育能力的人也寻求试管婴儿作为生育方案，这是一种把生物特征从人类身上剥离的方式。抛开其对个体健康的影响，单从其对社会的意义上考虑，这种生育方式也在改变基本的人类社会单元——家庭——的结构。生育的生物与社会意义相分离，一个试管婴儿可以没有社会意义上的父母。这与一般意义上的离异家庭子女、弃婴、孤儿不同，因为离异家庭子女、弃婴、孤儿等存在生物意义与社会意义相结合的阶段，其有理论上的生物学归属，因此其社会关系也是建立在以生物学为基础的生育理念之上的。但是试管婴儿可以只有生物学意义，而没有社会意义的父母，例如通过社会人捐献的精子与卵子而孕育出生命的婴儿。

3. 杰龙(Geron)公司放弃胚胎干细胞研究

伴随着杰龙公司放弃脊髓病症的干细胞治疗方案，美国开始限制政府资助胚胎干细胞研究。这并不是证明干细胞研究面临科研上的危机，或者干细胞治疗方案本身不可行。胚胎干细胞研究的停滞完全是社会干预的结果，其与克隆技术一样，成了科学内部的社会禁区。此举标志着生命科学领域最后一个有明确争议的领域被叫停，生命科学开始与社会建制并行不悖。这还体现了国家对于科研干预的能力，实际上，胚胎干细胞的研究一度是被世界各国所支持的项目，主要是因为其在解决疾病方面的广阔前景。但是，在技术风险与治愈前景的权衡下，各国政府选择了规避技术风险。

4. 人类三倍体干细胞首次克隆成功

三倍体干细胞克隆是一种不同于传统克隆技术的路径，但是其最主要的意义在于科研伦理上的意义。首先，这是一个真实的研究。黄禹锡案揭露出了干细胞研究领域的混乱，干细胞科学本身的敏感性与光明前景，让诸多科学家铤而走险。直到今天，生命科学依旧是科研不端问题最严重的领域，而该研究却并不存在这些混乱。其次，人类三倍体干细胞克隆的实验过程是公开透明的，并且细胞捐献人得到了可观的补偿。胚胎干细胞的捐献对于捐献者来说，是一个非常痛苦的过程，并且还有潜在的其他身体伤害。最重要的是，生命科学，尤其是对于干细胞的研究过程，是存在人道主义争议的。移出体外的干细胞是不是生命个体，以及人类个体是否可以被实验所操作，成为只具有统计学意义的个人，这都是需要进一步思考的。

(二)生命科学2.0时代的特征

生命科学2.0时代是一个生命科学的全新时代，其社会意义有了巨大的变迁，此时生命科学的社会特征主要是：①

1. 生命科学的研究已经置身于由学院、企业、政府与公众共同构成的网络之中

换句话说，生命科学已经是后学院科学了。虽然从1950年代开始，科学就不再是自由探索的科学，但是生命科学在起初远没有受到如此多的关注。而进入2000年以后，生命科学在一系列具有争议的领域取得了突破性进展，使得政府、媒体开始关注生命科学本身。生命科学受到的资助、媒体关注、政策支持的背后，并不都是科学共同体本身，而是以公众为核心的非专业群体。因此，生命科学要想发展下去，也必须依靠这些非科学共同体力量，从而走入深度社会化的道路。

2. 生命科学的商业价值前所未有地得到提高

生命科学起初与高能物理学一样，探索科学最根本的问题，也是与现实社会相关性不大的问题。因此，诸如基因等实验内容都是在实验室内封闭进行的。而自从生命科学在社会应用的前景被发现，尤其是基因药物、基因疗法的出现，生命科学开始与商业开发紧密联系在一起。如此，生物医药公司是最暴利的商业公司之一，生命科学的应用导向与其理论诉求开始脱钩。如果科学有禁区的话，那么商业是会铤而走险的。贺建奎事件的出现，正是由于商业利益的驱动。利益极大地挑动着伦理的神经，如果在生命科学的商业化上不做出限

---

① Capella V B. *Biotechnology, Ethics, and Society: The Case of Genetic Manipulation, in New Perspectives on Technology, Values, and Ethics*[M]. Springer International Publishing, 2015: 17.

制，那么最前沿的生命科学家有可能会成为最具营利能力的商业工具。

3. 全球化使得限制生命科技的法律效力变差

首先，在全球化时代，生命科学是国际化最好的学科之一，科学家可以随意流动到任意适合其研究的国家。因此，如何限制特定国家的研究者成了难题。另外，希望通过生命科学改善生活的消费者也可以跨境寻求治疗方案，而不必受本国限制，这会催生法律不健全国家的灰色产业产生。其次，国际法律是软弱无力并效率低下的。采用国际法律制裁、规范某一国家的科研人员几乎是不可能的。因为作为一个国家的公民，科研人员首先是在本国法律的框架下受到限制的，当因为科研伦理等问题受到质询时，国家往往也会明确支持该公民到国际法庭上接受问询。事实上，冷战结束后，尚未有生命科学家因为科研活动受到具有国际性质的法律委员会的质询，这在理论上与科学共同体的精神也不甚相符。

第三章　生态问题的社会治理

第一节　生态问题与我国生态治理的实践探索

在人类历史的长河中，人与环境的关系构成了社会发展的重要维度。人类经历了原始文明、农业文明、工业文明和生态文明四个时代。以工业化生产为核心的工业文明在促进社会物质财富积累的同时，也带来了日益严重的环境污染和资源耗竭问题，并对人类的健康和经济可持续发展带来了挑战。在这样的背景下，建设生态文明的理念与实践走上了历史的舞台。我国的生态治理实践强调政府的主动性，由国家来推动生态文明建设的进程，形成了独特的生态治理哲学，并积极参与全球生态治理实践，为全球环境治理和生态文明建设提供了“中国方案”。

在人类历史的发展过程中，人与自然的关系经历了不同的发展阶段。在原始社会，人与自然的关系相对简单，人类总体上是被动的。但是人类从未停止进化和发展的脚步，经过不断的探索过程，人类社会的生产力不断发展，使得自然界打上了人类实践活动的深刻印记，这一过程又被称为自然界的人化过程。在人类和自然界互动的过程中，生产力的发展成为主要的推动因素，并带动了经济基础和上层建筑的改变，产生了不同的文明时代。从人与自然的关系这一角度来看，人类文明划分为四种基本形态，即原始文明、农业文明、工业文明和生态文明，每一阶段都有其发展特征。

一、原始文明：人臣服于自然的威力

纵观人类发展的历史，人类与自然的关系经历了不同的阶段。人类从动物界分化出来以后，经历了数百万年的原始社会时期，这一阶段的人类文明又被称为原始文明或渔猎文明，人类生产力总体上处于比较落后的阶段。在原始社会，人类虽然从自然界获取食物和生活资料，但由于对自然开发和支配的能力有限，人类慑服于自然的威力之下。

第一，人类在原始社会时期生产力低下，难以有效应对自然的压力。在原始社会，人类主要的生产活动是采集和渔猎，这两种活动都是利用自然物作为人的生活资料，在生产和生活方式上比较简单。原始人类的采集活动主要是运用自身的四肢和感官，向自然索取现成的植物性食物。他们的渔猎活动主要是向自然索取现成的动物性食物，这种活动比采集活动困难复杂，不能仅仅依靠人体自身的器官，而必须更多地制造和运用工具，包括石头、木棒等简陋的工具。

第二，在这一时期，人类社会在应对自然危机时做出了初步的探索。在原始文明下，人类缺乏强大的物质和精神手段，他们对自然的开发和支配能力极其有限。总体上，他们倾向于将自然视为威力无穷的主宰者，或者将其视为神秘的超自然力量的化身。面对恶劣的环境，原始人类开始做出初步的探索和尝试，但他们的生活环境极其糟糕，经常忍受饥饿、疾病、野兽、寒冷的折磨，受到各种天灾人祸的侵扰和伤害。在这种情况下，早期的人类文明开始在艰难困苦中出现，我国古籍中曾有记载："上古之世……民食果、蚌、蛤，腥臊恶臭而伤害腹胃，民多疾病。有圣人作，钻燧取火以化腥臊，而民悦之，使王天下，号之曰燧人氏。"这一论述描述了原始文明的基本生存状态，人类从自然界获取食物和生活资料，并在石器和用火方面有了一定的进展。

第三，原始文明的人类由于生产力不发达，总体上还处于脆弱的状态。尽管如此，人类已经作为具有自觉能动性的主体呈现在自然面前，他们匍匐在自然之神的脚下，通过各种原始宗教仪式，对自然界表达顺从和敬畏的感情，祈求恩赐和保护。这是因为人类太脆弱了，他们不得不依赖自然界提供的食物和养料。此时的人类刚刚睁开蒙昧的眼睛，自身非常弱小，所以对自然界中一些强大的力量敬若神明。直到现在，越原始的文明对自然的崇拜就越明显，人们常常认为万物皆有灵。

第四，这一时期的人类，严格意义上还没有形成生态文明的主观意识。这个时期的人类，对各种资源的开采能力有限，对环境的影响较小，科技还不足以大幅度影响环境，所以环境污染不严重，人们也不会将注意力放在这上面。马克思在谈到古代人类和自然界的关系时，指出："自然界起初是作为一种完全异己的、有无限威力的和不可制服的力量与人们对立的，人们同它的关系完全像动物同它的关系一样，人们就像牲畜一样服从它的权力，因而这是对自然界的一种纯粹动物式的意识。"①在这一时期，由于人类社会生产力的落后，以及科学技术的不发达，人类总体上臣服于自然。

二、农业文明：人对自然的初步开发

在农业文明阶段，人类开始对自然进行初步的开发和改造，相比原始社会，人类具有更高的主动性，通过开荒造田等一系列活动，人类能够更好地利用自然条件。但是，由于农业文明本身还处于"靠天吃饭"的阶段，人与自然的关系还处在相对和谐的状态。在西方，由于古时粮食产量不高，以及频发的战争，大多数人整日考虑的是生存问题，上升不到环境保护的高度。在中国等东方国家，人类对于自然环境具有更加友好的态度，追求"天人合一"。现代生态文明的建设，应该从中国悠久的传统文化中吸收营养，这正成为学术界的一种共识。

第一，农业文明时代的人类，在生产力方面有了一定的进步。古代的人们产生对自然的关注，是在生产力相对低下时，是人类崇拜自然、畏惧自然的表现，其目的是期盼风调雨顺，取得农业的好收成。中国的技术成就此时较为发达，赢得了世界体系的领先地位，"中国古代的哲学家，独立于古希腊哲学家和其他文明之外，在科学、技术、数学和天文学上做出了重大贡献"。② 中国

① 《马克思恩格斯文集》第1卷，人民出版社2009年版，第534页。

② ［美］熊灿：《大国复兴：中国道路为什么如此成功》，李芳译，湖北教育出版社2018年版，第51页。

古代的四大发明：指南针、火药、造纸术和活字印刷术都是人类历史上最重要的发明创造之一，为欧洲的现代化提供了重要的启示和帮助。中国作为世界贸易的重要出口国，成为欧亚市场体系的重要部分，长期出口丝绸、陶瓷和水银。在此过程中，中国甚至将贸易扩散到非洲，封建时期中国农业技术的成就引人注目。

第二，随着农业技术的进步，人类文明能够更好地适应自然环境。在农业文明时代，中华文明具有明显的领先性，很大程度上是因为中国较好地处理了人类与环境的关系。从历史上看，广阔的水网分布为中国提供了天然的交通网络，将不同地方的人们连接起来，广袤的土地为人民的生存提供了起码的保障。中国人生活的地带相对温和，既不过度炎热，也不过度寒冷，“特定的地理环境促成了中华文明的扩张和绵延”。① 中华文明在处理人与自然的关系上，取得了初步的成就，随着越来越多的族群和人民的加入，中华文明得到了进一步的发展。

第三，中华文明形成了初步的生态观念，形成“天人合一”的理念。在中国传统生态智慧中，“天人合一”的自然观是生态本体论，中和位育的方法论是生态功夫论和实践论，民胞物与的价值观是生态实践所达到的精神境界，这三个方面构成中国生态哲学的大纲。《周易》提出“辅助天地”的学说，要求做到天不违人，人亦不违，天人相互协调。以儒家为主体的中国文化始终强调以动态和整体的眼光来看待世界，追求一种“天人合一”的最高境界。儒家思想为重新思考人与地球的关系提供了丰富的理论资源，儒家经典著作中充满了关于生态环境的真知灼见。②

第四，从整个人类世界来看，农业文明时代人类还处于依赖自然的阶段。从整个世界来看，人类与自然的关系总体上是不平衡的，过度开采导致的灾难时有发生。在这一时期，人类历史上也出现了一些因为过度使用而导致的生态

---

① ［美］熊灿：《大国复兴：中国道路为什么如此成功》，李芳译，湖北教育出版社2018年版，第7页。

② Mary Evelyn Tucker, John Berthrong. *Confucianism and Ecology*: *The Interrelation of Heaven*, *Earth*, *and Humans*[M]. Harvard University Press, 1998.

悲剧，阿尔卑斯山的意大利人把那些在山北坡得到精心保护的枞树林砍光用尽时，他们把本地区的高山畜牧业的根基也毁掉了，并使更加凶猛的洪水倾泻到平原上。美索不达米亚、希腊、小亚细亚以及其他各地的居民，为了得到耕地而毁灭了森林，最终使得这些地方成为不毛之地，影响了此地人群的生存和繁衍。人类文明总体上仍旧处于脆弱的阶段。

三、工业文明：人类对自然的征服

在西方主导的工业文明阶段，人类已经具有高度的能动性和主体性，成为自然的征服者和利用者。资本主义社会的发展过程是人与自然、生态之间矛盾逐步产生、加剧的过程。在这期间，科学技术在资本增值的激励下，得到了快速的发展，人类对于自然的征服能力得到了显著的提高。

第一，工业文明时代的人类社会，在科学技术方面有了相当大的进步。18—19 世纪发源于西方国家的工业革命有力地带动了世界经济发展和科学技术进步，被视为人类社会的进步，但许多引领工业革命的资本家对民主持敌对态度，对全社会的共同利益和自然环境漠不关心。在持有“人类中心主义”的人群中，人类自身被视为自然界至高无上的主宰者、统治者，而其他一切动物、植物，都是人类的附属物，需要服务于人类的存在，人类有权对它们“生杀予夺”。这种“人类主宰论”在西方有着广泛的影响，其观点显然是错误的，一度导致人类对自然资源的肆意掠夺和开发。

第二，工业文明时代科学技术有了较大发展，给人类带来了更多物质财富。在工业文明阶段，人类已经具有高度的能动性和主体性，成为自然的征服者和利用者。一个多世纪的工业革命，创造了前所未有的物质财富和科技进步，显著提升了人们的生活水平，人类对自然的开发能力得到提高。人们大规模地开采各种矿产资源，广泛利用高效化石能，进行机械化的大生产，并以工业武装农业，使农业也工业化了。

第三，人类在经历生产力发展的同时，也面临着严重的生态危机。尽管人类在工业文明时代取得了巨大的科技进步，但是人类对自然的征服也导致了严重的环境后果。恩格斯曾说：我们不要过分陶醉于对自然界的胜利。对于每一次这样的胜利，自然界都对我们进行报复。在20世纪60年代，西方社会出现了严重的环境污染，造成大量的人员伤亡，并影响到经济的可持续发展。人类的过度开发还导致了资源消耗过度、环境污染加剧、发展难以持续的严重后果。

第四，在这一背景下，人类开始反思生态破坏带来的危机和伤害。其实，资本主义的全球化才是导致全球环境问题的主因，西方资本主义是全球生态危机的始作俑者。

四、生态文明：人与自然关系的和谐

生态文明是继原始文明、农业文明、工业文明之后又一新型的文明形态。随着社会生产力的进一步发展，人类已经认识到，以环境为代价的发展方式是不可持续的，难以为人类提供一个有希望的未来。在这样的背景下，人类对于人与自然的关系进行了新的思考，追求人与自然关系的和谐成为一个新的方向。“生态文明”是人类文明在反思环境问题的过程中，就自身生活方式和发展方向做出的理性选择。在生态文明时代，中国正在成为生态文明建设的领导者，并推动全球范围内的环境治理和生态改善。

第一，生态文明阶段人类重视生态技术的研发，推动经济与社会的协调发展。生态技术是指既可满足人们的需要，节约资源和能源，又能保护环境的一切手段和方法，与环保技术、清洁生产技术概念比较，其更具广泛性和普遍性。环境保护的关键是改造现有的生产技术，走“洁净生产”和“绿色技术”的道路，谋求基本无废弃物的新生产方式。这种新的生产是以自循环为特征的生产，即在生产过程中，废弃物将作为原料进行再生产，从而大大降低对自然环境的污染和干扰。只有用污染减少型技术取代污染增加型技术，自然环境的保护和持续发展才能得到保证。①

第二，人类已经认识到人与自然休戚与共的关系，人对自然的认知更为科

① 李祖扬、邢子政：《从原始文明到生态文明——关于人与自然关系的回顾和反思》，《南开学报》1999年第3期。

学。20 世纪 90 年代以后，学者罗伊·莫里森提出现代意义上的生态文明概念，在他看来，生态文明是继“工业文明”之后的一种新的文明形式，是人类发展的一个更高的文明形态。基于这样一种理念，越来越多的国家开始追求一种新的发展模式，那就是实现人与自然关系的和谐与平衡，注重合理安排、调整、优化产业结构，注重提升第三产业特别是现代服务业的比重，充分依靠技术进步实现产品升级换代，坚持走清洁生产、循环经济的道路。在这种新的理念指导下，这些国家不但实现了经济的增长，而且改善了生态环境，步入人与自然和谐、发展与环境双赢的良性循环。这种生态文明理念正在影响更多国家的发展方式。

第三，生态文明阶段人与自然的关系更为和谐，人类努力改变以往的实践方式。在生态文明阶段，人类已经认识到人对自然的伤害，最终可能伤及人类自身。人类积极行动起来，寻求技术与自然的和谐，致力于保护地球这个唯一可供生息的人类家园。人类认识到自身不应只是地球的栖居者和享用者，而且还应是地球的保护者和建设者。显然，生态文明是对传统伦理观的超越，它以生态哲学为意识形态，以人与自然合一为理念规约，追求人与自然的和谐共存。在这一新的理念指导下，人类努力改变以往的实践方式，实现人与自然的协调发展，与自然同呼吸、共命运，这是人类社会面对环境问题的必然选择。

第四，人类命运共同体意识得到深化，全球生态治理得到根本性突破。人类只有一个地球，各国共处一个世界，当今世界面临着百年未有之大变局，政治多极化、经济全球化、文化多样化和社会信息化潮流不可逆转，各国间的联系和依存日益加深，但也面临着许多新的挑战，包括粮食安全、环境污染、疾病流行、资源短缺、人口爆炸、跨国犯罪、气候变化、网络攻击等全球非传统安全问题层出不穷，对国际秩序和人类生存都构成了严峻挑战。不论人们身处何国、信仰如何、是否愿意，实际上已经处在一个命运共同体中。在这种背景下，人类命运共同体的意识正在形成，中国成为这一全球意识的倡导者和推动者。

第二节　西方生态治理历程及现实困境

一、20 世纪末以来西方生态治理的成就

(一)西方政府在绿色发展中的作用

面对新一轮绿色经济发展前景，谁掌握了主动，谁就掌握了未来。20 世纪后期，面对西方现代化过程中造成的污染问题，各国纷纷出台措施，通过各种手段治理污染问题，政治、经济和社会手段得到了综合的应用，西方的生态环境在几十年的时间里得到了较大程度的改善。

第一，国家力量成为绿色发展的基础力量，推动本国经济的转型和发展。在全球绿色竞争风起云涌的背景下，绿色经济已经成为一个国家发展战略问题。越来越多的国家认识到，实现生态文明不能仅在经济层面寻求解决之道，不能完全交给市场慢慢地发展，而必须进行国家层面的干预和动员。不少西方国家自 20 世纪 80 年代开始重视绿色产业的发展，在政治层面形成强大的国家意志，国家层面的政策支持成为发展绿色经济的重要推动力。不少西方国家站在全球高度，制定面向未来的、操作性强的“绿色发展规划”，以迎战决定未来国运的全球绿色竞争。在 20 世纪后期，国家对生态文明的重视和规划，是西方生态治理的重要特点。

第二，国家在新能源方面大量投入，推动本国新能源产业的发展。国家通过确立发展规划和目标引导，不断加大政府投入，鼓励新能源产业的发展。英、美等西方国家通过大量投资，在智能电网、低碳汽车、碳捕获、清洁煤等绿色技术上取得了一定的优势，在绿色经济的发展中取得了巨大成就。德国的太阳能、法国的核能等都是本国发展绿色经济的优势所在。根据彭博社的调研结果，美国近年在可再生能源行业的投入高达 500 亿美元，美国风能和太阳能公司还争取到联邦税收抵免资格，这些都刺激了本国经济的发展。

第三，政府在环保领域制定了大量法律法规，强化对污染行为的规制。欧洲国家不仅在国内加强了立法，而且积极参与国际环境条约的缔结，如果将议定书和修正案包括在内，英国缔结了100多项国际环境协定。这些协定涉及范围广泛，包括气候变化、危险废弃物越境转移、环境信息获取和核安全等方面。英国政府在向下议院递交的书面声明中写道："英国将继续接受其所缔结的国际多边环境协定的约束。英国将持续致力于履行这些协议所规定的国际义务，脱离欧盟后英国将仍在国际社会发挥积极作用。"欧洲领土有许多跨国河流、湖泊和地下含水层，为此，欧洲的国际环境立法中均规定了控制跨国河流或地下水污染的环保措施，相关国家协调其政策和行动，以促进公共环境的治理。这一特点在欧共体、联合国欧洲经济委员会的环境政策中也都有很好的体现。①

第四，绿党作为政治组织逐渐兴起，推动了本国政府对环保问题的关注。绿党是提出保护环境的非政府组织发展而来的政党，世界上最早的绿党是1972年成立的新西兰价值党。绿党在20世纪后半期开始在欧洲扩散，最著名的就是德国绿党。绿党率先提出"生态优先"、非暴力、基层民主、反核等主张，积极参与环境整治，开展环境保护活动，对欧洲的环境保护具有一定的推动作用。绿党的政治参与是西方生态治理的重要特点之一，但由于其党派力量相对弱小，治理作用尚未得到充分的发挥。

（二）对自由市场的必要规制

绿色技术是发展绿色经济的重要支撑。发展绿色经济要结合本国的优势，确立发展的重点，出台相关激励政策，同时鉴于绿色产业的"公益性"，国家在必要时可进行积极干预。

第一，国家重视对绿色经济的投资，为经济发展提供基础设施。西方国家在新能源领域的投入和推广，为经济转型提供了必要的基础设施。在欧洲，德

① 张永泽、陈晓霞：《欧洲与北美的环境立法及实践趋势》，《环境科学与管理》1999年第2期。

国是使用风力发电最多的国家，太阳能、水能、生物能等也得到越来越多的使用。根据德国绿党的主张，德国清洁能源的使用量将扩大到整个能源体系的一半。美国国会签署《能源政策法》，大力发展燃料提取技术，不断增加天然气供应量。美国将继续推动可再生能源的发展，提升储能总量和能源效率，这已成为美国整体能源和经济发展战略的关键要素。

第二，重视市场在规制环境污染中的作用，通过“碳税”规制企业行为。为了提高环境监管的效率，不少西方国家开始征收环境税和资源税。环境税的种类概括起来讲，主要有权利金、资源超额利润税、矿产权租金和资源耗竭补贴数种。① 这些税费在促进资源的合理开发、保护生态环境，缓解资源供需矛盾等方面起到了一定的作用。目前，西方国家在“低碳”法律制度、市场制度创新和信息技术研发推广等方面取得了明显的成就，并希望通过国家协定来彰显其绿色发展的国际领导权。

第三，大力推动科技创新发展战略，促进本国企业和生产模式的转型。欧洲在创新和环保两个领域取得的成功，很大程度上源于科学技术的进步。事实上，西方生态治理的主要经验在于两者之间的协同：一是科技创新，二是环境保护，以此应对人类面临的经济和环境挑战。西方国家普遍重视环境规划，制定各种严格的法律条例，采取强有力的措施，大力开展环境科学研究，积极开发低污染的环保技术，提升本国经济的科技创新含量，以此提升本国经济的可持续发展能力。同时，这也促使公众认识到节约资源的重要性，引导他们形成资源节约型消费习惯。

第四，大力推动经济全球化战略，将产业部门转移到广大发展中国家。“生态帝国主义”是对西方主导的全球化模式的一种批判性分析，它在某种程度上反映了西方主导全球化的政治经济后果。在此过程中，西方将污染严重的生产部门转移到发展中国家，攫取发展中国家的重要资源，加剧了发展中国家的环境危机，同时转嫁了自身在全球生态破坏中的修复责任。对于西方来讲，这一策略是改善自身生态环境的重要方式，对于发展中国家来讲，则意味着生

① 王赵宾：《国外资源税启示》，《能源》2013 年第 8 期。

态灾难与资源耗竭。西方国家向发展中国家大量转移污染严重的生产部门，这加剧了发展中国家的生态困境。不仅如此，某些西方国家还出于政治利益的考量，以“碳排放”为借口，压制发展中国家的发展。

(三)环保组织的大量兴起

二战后环保运动兴起为带有政治性的运动，人们以系统思维全面看待环保问题。人的环保意识并不是天生的。人会自发地产生对环境的感情，对自我行为的约束，但这只存在于孤立的个体中。只有在环境问题愈演愈烈，以运动形态出现环保诉求的时候，整个社会才会形成环境保护的普遍意识。

第一，严重的环境污染事故导致了巨大的灾难，给人民造成了巨大的伤害。如在加利福尼亚州南部的圣巴巴拉县附近海域发生空前的油污事件，造成大量海鸟和海洋生物死亡。核能在为人类提供巨大的动力和能量时，也产生了核废料以及由这种放射性物质带来的环境污染，对人类健康带来严重而持久的威胁。1979 年，美国宾州哈里斯堡东南 16 公里处某核电厂 2 号反应堆发生放射性物质外泄事故，导致电厂周围 80 公里范围内生态环境受到污染。这是人类发展核电以来第一次引发的重大核电事故，对社会生活、舆论和世界核能利用的发展带来重大影响。

第二，媒体对环境污染事故的揭露。科学界和媒体在环保宣传和动员中发挥了重要的作用，1962 年，瑞秋 · 卡森《寂静的春天》在美国出版，其被认为是美国现代环保运动诞生的标志。1969 年，俄亥俄州的凯霍加河因为污染物的堆积而燃起了熊熊大火，美国媒体对此进行连续的报道。摇滚乐手兰迪 · 纽曼基于污染事件创作的歌曲《燃烧起来》传唱一时。在那个时代，美国社会各界对环境污染事件的关注，形成了一股强大的社会力量，使西方社会的环保主义者团结在一起。社会各界的强烈关注，给政府施加了巨大的压力，最终催生了 1972 年《联邦水污染控制法案》的出台。

第三，民众因为环境问题遭受巨大的损失，逐渐增强了环境保护的意识。环境污染带来的实际伤害，引起了民众的愤怒和不满。随着科学界发出的警告成倍增加，环境问题得到了越来越多民众的重视，这使得人们自发行动起来，维护自身权益。在这种背景下，西方发生了大量关于气候问题的游行和“周五为未来而战”游行。这些游行在全欧洲和美国各地展开，主要参与者是罢课的中学生，学生们表示：“如果我们没有未来，那么说什么都没用。”环保意识已经融入西方人的生产与生活中，成为根深蒂固的意识和观念，人们对环境问题的关心成为西方生态治理的重要助力。

第四，公民具有社会参与的历史传统，环保组织大量涌现。在这之后，组织化的环保运动就如燎原之火一般燃烧起来，环保诉求的组织化和运动化，带来了发达国家环境质量的实质性改变。在西方环保运动的高峰时期，环保组织像雨后春笋一般涌现，仅在20世纪60年代，美国环保组织的成员人数就增长了五倍。美国现今拥有数千个全国性环保组织和数万个地方性环保组织，以及数千万的组织成员。环境公益诉讼作为西方国家一项重要的环境法律制度，是指为了保护环境与自然资源，私人或组织以及政府机关等授权法律主体依据法律规定，针对侵害环境公益的行为提起诉讼，寻求司法救济。该制度对于促进公民参与环境保护，督促环境法律的实施起到了一定的作用。①

二、西方生态治理的困境

(一)政府对于生态治理的困境

随着自由化改革的深入，西方政府的自主能力被严重削弱，美国正面临着“国家衰败”的危险。② 国家治理能力的衰败，使得政府在生态环境领域的治理能力严重弱化。就生态治理而言，日益衰败的政府难以在新能源领域进行有效的战略决策，立法行动受制于外部的企业利益集团，西方的企业集团更倾向于通过与政府的长期博弈(包括法律和游说等)来搁置环境保护的责任和相关投入。环保领域的立法是一件牵涉利益极其广泛的工作，相关的利益者都会通过

---

① 王曦、张岩：《论美国环境公民诉讼制度》，《交大法学》2015年第4期。

② 孙宇伟：《论福山“美国政治衰败论”的实质》，《当代世界与社会主义》2019年第2期。

各种手段推动或者阻碍政府的立法行动。

第一，党派政治使得政府难以做出高效的决策，以应对严重的环境问题。随着政党博弈愈演愈烈，政客为取悦舆论或特定选民，往往特立独行走极端，导致缺乏理性和包容的“否决政治”盛行，从而加剧了政治极化和朝野矛盾。近年来，美国共和党、民主党两党在执政中的分歧不断拉大，政治极化更加明显。美国国会在讨论有关议案时，以党派划线，为反对而反对成为普遍现象。以环境领域为例，美国的共和党和民主党在环境议题上互相拆台，受制于各种利益集团的干扰，法案很难在短期内达成共识。

第二，政府在治理上倾向于短期行为，难以提出生态保护的长期规划。无论是政客还是政府，都根据能够当选的短期利益考量问题，这使得他们的决策很少能够从国家的长远利益和根本利益着眼。“不加节制地追求当下利益的最大化，到头来只会导致整个国家发展利益的最小化。”①在西方民主体制下，政府仅仅迎合民众的当下需要，很少顾及人类社会的长远利益。从理论上讲，实现可持续发展是政府必要的责任，但在现行体制下，“短视性”成为一个根本性的缺陷。受制于选举的压力，政客仅仅关注当下利益，生态意识淡薄，对全球生态环境缺乏足够的关心，不管子孙后代的长远福祉。这在 21 世纪以来美国的生态治理中，得到了集中的体现。

第三，政府受制于利益集团的压力，在生态环境领域的立法接近停滞。近年来，西方国家在生态环境领域的投入水平逐年下降，无数利益集团为了争夺国家的财政补贴而竞相游说，比如美国的传统汽车、军事和农业等都是国家补贴的主要受益者，但环境保护领域却很难形成足够有力的利益集团，这使得美国在新能源、环境保护领域的投入一直极其有限，在国际减排协议中也难以承担与其大国地位相一致的责任。政府相对于企业集团的弱势，影响了生态治理目标的实现。对民主制进行批判性研究，成为西方生态研究的最新方向。②

① 钟声：《总要有人为“不停点菜”埋单》，《人民日报》2014 年 6 月 24 日。

② ［澳］罗宾·艾克斯利：《绿色国家：重思民主与主权》，郇庆治译，山东大学出版社 2012 年版，第 38 页。

第四，财政困境限制了政府推动绿色发展的能力，在环保领域的投入有限。美国是少数几个没有预算政府就完全无法运作的国家。在美国的现行体制下，政府的财政收入本身就有限，国家经济增长的大部分收入都被企业资本集团所攫取，特朗普上台后新一轮的减税计划在刺激经济增长的同时，无疑也将继续恶化政府的财政状况。不仅如此，美国在全球环境合作和发展援助方面的资金投入也在减少，生态环境治理难以拥有军事战略一样的优先权，获得的资金支持极其有限。相比之下，“中国在环境建设上开展了大量的生产性消费投资”,① 这已经成为中国特色社会主义政治优势的集中体现，中国把环境保护的道德关切与社会正义理论联系了起来。

(二)私有化与生态环境的恶化

私有化过程中，西方国家失去了作为重要调节手段的公共企业，国家的税收也显著减少，不得不举借外债。私有企业在本质上作为一种急功近利的企业模式，企业的一切生产和经营活动，都旨在获取最大的利益。经济全球化进一步强化了企业集团的权力，私有企业及其相关利益集团在全球政治经济体系中的权力明显加大。当前资源和生态的保护已经成为国际社会的普遍共识，过去那种“以邻为壑”的污染转移的做法已经受到了普遍谴责，在这种新形势下，企业与政府之间的博弈开始有利于前者，私有企业集团成为西方最有权势的利益相关者。这种政治经济平衡的打破，直接加剧了西方的环境危机。

第一，私有制不利于对重要资源的保护，难以对资源利用进行长期规划。在西方自由市场经济体制下，重要的经济资源都为私人所控制，而那些不具有排他性的资源则很难进入私有产权的保护范围，这使得私有产权的急功近利与环境保护的长远利益存在内在的冲突，正如美国农业经济学家伯格斯特罗姆所说，自由主义法律“在处理非排他性资源(如环境空气)恶化的问题上存在严重的不足之处”。②

① ［美］大卫·哈维：《马克思与〈资本论〉》，周大昕译，中信出版社 2018 年版，第 282 页。

② ［美］约翰·C. 伯格斯特罗姆，阿兰·兰多尔：《资源经济学：自然资源与环境政策的经济分析》，谢关平等译，中国人民大学出版社 2015 年版，第 178 页。

第二，私有企业对利润最大化的追逐，导致对环境和生态资源的冲击。私有企业的生产资料和产品属私人所有，经营活动由自己或雇用管理人员管理，资金来源主要由私人独自集资或债券集资、贷款投资、发行股票，等等。20世纪80年代以来，西方经历了大规模的私有化浪潮。由于自由主义的盛行，以及政客出于短期利益的考量，大量的国有企业被私有化。从性质上讲，私有企业在最大程度上释放了个人的干劲，但却有可能牺牲社会、环境乃至子孙后代的利益。①

第三，部分企业转化为利益集团后，积极阻碍国家在生态环境领域的立法。20世纪80年代，倡导自由市场和保守主义的里根上台后，任用一些带有反环保倾向的官员担任要职，环保运动由此转入低潮。时至今日，仍有人认为环保运动没有恢复到当年的声势。利益集团可以通过竞选经费、律师、政治说客和私人智库来影响政府的环保决策。比如美国的石油产业、传统汽车行业、能源公司以及大众传媒等，这些产业成为环保立法的主要反对者。面对政府和民众的环保要求，这些企业通过理性的计算得到这样的结论：与其费时费力地在环保领域进行科技创新和研发，不如通过贿赂和游说来阻止环保立法——这种急功近利的算计使得西方的私有企业放弃了通过技术创新来应对环保要求的努力。美国松弛和不确定的环境政策正在造成自身的竞争劣势。②

第四，西方的工业化模式高度成熟，面临着经济转型的高昂成本。经过四百多年的发展，西方各国尤其是美国的产业结构已经高度模式化，比如通用等传统汽车行业在美国的经济结构中占有重要地位，这意味着美国经济要从传统的以能源为主过渡到以新能源为主的产业结构，需要承担巨大的转型成本，如工厂倒闭和失业问题等，但这种重组和转型在西方的社会环境中是难以承受的。③

① ［美］丹尼斯·R. 库里：《理解社会福利资本主义、私有制和政府建设可持续环境的责任》，徐应娜译，《全国流通经济》2011年第8期。

② ［美］特雷弗·豪瑟等：《碳博弈：国际竞争力与美国气候政策》，朱光耀、焦小平译，经济科学出版社2009年版，第11页。

③ 苏振锋：《发挥政府在绿色消费中的推动作用》，《中国环境报》2017年6月21日。

(三)消费主义的泛滥

西方民众过于奢侈的生活方式，在目前的环境下已经难以为继。西方处于工业资本主义的发达阶段，民众习惯享受奢侈消费的生活方式。不少美国人颇像罗马帝国极盛末期被财富和权力腐化的公民，只图享受，不思进取。不仅如此，美国人的生活方式还被作为一种“幸福生活”的典范，在全球化时代得到广泛的传播。资本主义出于追逐利润的目的，通过其大众媒体、话语宣传、电影电视等一系列方式，传播美国的价值观和生活方式。这极大地恶化了全球性的生态灾难，进一步加剧了全球环境问题。这种骄奢淫逸的生活方式如果不能得到彻底的改变，人类社会将很难从生态危机中摆脱出来。

第一，自由主义意识形态限制政府权力，阻碍政府在生态治理上的作用。政府在环保领域的任何权力扩张都有可能带来极权主义的危险，甚至有学者提出了“生态极权主义”的概念，这种过时的自由主义理论成为西方政府承担环保责任的思想文化障碍。公众要么将国家视为无所作为的政治行为体，要么将国家视为生态破坏的政治“主谋”或“共犯”，这种对政府的偏见限制了其本应承担的角色。

第二，大众媒体对个人消费主义的传播，导致公众崇尚奢侈浪费的生活方式。西方国家需要在个人的态度和行为方面培育自我节制的美德、同情社会和自然的公民道德，而不是对极端需求的贪欲，在这方面，西方显然要向中国惠而不费、知足节用的消费观学习。①

第三，资本集团对民众消费行为的鼓励，使得过度消费行为盛行。《寂静的春天》刚一出版就受到与农药相关的生产部门的抨击，甚至包括对卡森的人身攻击。“军工体系、枪支社团以及汽车厂商等依然试图不断向社会总需求里加料，这些机构通过对国家机构的影响和强迫人们选择某种生活方式来创造出

---

① [美]杰弗里·萨克斯：《文明的代价：回归繁荣之路》，钟振明译，浙江大学出版社 2014 年版，第 9 页。

新的需求。”①美国的个人主义消费习惯还与金融业的过度发展有关。一直以来，美国金融业的发达使得人们对货币的认知脱离了实在的物理载体，而走向了信用卡、网络数据等虚拟载体，“人们带着对财富状况的歪曲理解生活着”。② 越来越多的人倾向于选择借贷消费，毫无节制地花费，这是西方消费主义泛滥的重要经济原因。

第四，人们已经养成奢侈的生活方式，短时间内难以扭转消费习惯。“由俭入奢易，由奢入俭难。”资本主义的生态危机还与人们的生活方式有关，自由主义价值观倡导一种及时行乐的生活方式，这种生活方式是极不健康的，它不仅影响人们的身体和心理健康，还严重恶化了全球的生态环境。根据统计，美国的人均消费量接近中国和印度的 13 倍，美国人民在牛肉、可乐、油炸食品的消费中，以及私人汽车的使用中，生成了大量的二氧化碳、二氧化硫和其他有害物质。“美国高额的绝对排放量和人均排放量，支撑与代表着的是一种高耗费、高消费与高排放的生产生活方式。”③正如英国伦敦政治经济学院前院长安东尼·吉登斯所指出的，“是时候对消费主义进行持续而积极的批判了”。④

三、全球生态治理的现实困境

“生态帝国主义”并非基于超强军事与经济实力的国际环境治理秩序与交往中的帝国式“肆意妄为”，还同时包含着在政策议题设定、理论话语阐释、经济技术路径供给等层面的国际生态霸权性或排斥性话语、制度与力量。⑤ 它

---

① ［美］大卫·哈维：《马克思与〈资本论〉》，周大昕译，中信出版社 2018 年版，第 301 页。

② ［美］丹比萨·莫约：《西方迷失之路：西方的经济模式是错误的》，李凌静等译，重庆出版社 2011 年版，第 60 页。

③ 郇庆治：《“碳政治”的生态帝国主义逻辑批判及其超越》，《中国社会科学》2016 年第 3 期。

④ ［英］安东尼·吉登斯：《全球时代的民族国家》，郭忠华译，江苏人民出版社 2012 年版，第 459 页。

⑤ 郇庆治：《“碳政治”的生态帝国主义逻辑批判及其超越》，《中国社会科学》2016 年第 3 期。

的突出特征是以生态话语来维护西方的主导力量，并破坏和压制发展中国家的发展，但不具有传统军事殖民主义意义上的生态暴力或强制色彩。西方资本主义国家进行生态治理的“有效”方法，就是转嫁生态危机，对发展中国家进行“生态掠夺”，攫取发展中国家的生态资源，同时将生态环境污染转嫁给发展中国家。① 西方的生态治理模式是不可持续的，难以为全人类勾勒一个绿色发展的未来世界。资本主义国家只能在一定程度上解决生态环境问题，不可能建成真正意义上的生态文明社会。

第一，西方各国对环境问题存在争议，难以在行动议程上达成一致。西方的生态帝国主义策略还构成了一种等级森严的“绿色壁垒”，压制乃至排斥发展中国家的发展需要。一方面，西方以高额的绝对排放量和人均排放量，代表一种高消费与高排放的生产生活方式；另一方面，西方又指责发展中国家的排放量过高，试图以环境问题压制发展中国家的发展。事实上，西方在工业化的几百年间排放了大量的污染物，其现在的消费水准仍然依赖于发展中国家的资源供给，以环境问题压制发展中国家是不公平的。

第二，西方主导的生态帝国主义受到批判，“污染转移”的行为不再被接受。生态污染是一个全球性的问题，西方对这一问题负有不可推卸的责任。西方将污染严重的企业大量转移到第三世界的发展中国家，整个世界因此被划分为“污染国”和“受污染国”。② 污染转移导致了全球生态环境的恶化。在此过程中，广大发展中国家虽然获得了全球化带来的发展机会，但这种发展的代价是极其高昂的，导致当地生态环境的急剧恶化。

第三，全球绿色发展的空间不足，尚未成为全球经济发展模式的主流。西方发达国家反复对发展中国家的生态环境恶化进行指责，借以转移它们在全球生态恶化中的责任。对此，广大发展中国家应该有清醒的认识，即西方资本主义国家才是全球生态危机的始作俑者。

---

① 刘成军：《从中西生态治理比较中凸显社会主义优越性》，《吉林日报》2018 年 8 月 24 日。

② ［美］斯蒂格利茨等：《对我们生活的误测：为什么 GDP 增长不等于社会进步》，阮江平等译，新华出版社 2010 年版，第 179 页。

第四，西方国家在生态领域拒不履行义务，不愿意承担公共责任。如果将全球环境视为公共物品，西方却逃避了自身应该支付的外部性成本。少数几个集中大量植被和雨林资源的发展中国家却要承担提供全球公共绿色物品的责任，尤其是拥有热带雨林的国家，多数西方国家在此过程中扮演了免费搭便车的角色，它们享受到了热带雨林调节全球气候的好处，却没有为此支付相关的费用，这种情况是极不公平的。正如生态马克思主义学者所批判的，当代世界的生态治理困境源于不平等的国际政治经济秩序，重建更加平等公正的国际政治经济新秩序是人类摆脱生态危机的唯一出路。

第三节 我国生态文明建设实践

一、我国生态环境问题状况分析

尽管我国已经下大力气改善空气质量，但是从全世界范围来看，我国的空气质量表现不佳。在我国部分城市，空气中的悬浮物颗粒和二氧化硫不仅超过了世界卫生组织设置的警戒线，也超过了我国自身制定的环境质量标准。大气污染已经成为我国的首要环境问题，其原因是多方面因素相互作用造成的。与此同时，城市生态环境也出现了大大小小的问题，这些生态环境问题的出现和人类的生存活动息息相关。

从 1980 年开始，随着我国工业的快速发展，人口数量的不断增加，城市化的进一步扩大，以及大量农药化肥的使用等，我国的地表水和地下水质量急剧恶化。目前，我国七大水系根据污染程度排名依次为：辽河、海河、淮河、黄河、松花江、珠江、长江，其中 42%的水质超过 3 类标准，全国有 36%的城市河段为劣 5 类水质，已经基本丧失了使用功能。此外，大型淡水湖泊(水库)和城市湖泊水质普遍较差，75%以上的湖泊富营养化加剧，主要由氮、磷污染引起。我国水污染的来源同样是多样的。

一是工业废水未经处理便排放到河道中。在我国的工业增长过程中，形成了一系列低附加值、高污染的行业，包括造纸和纸浆业、冶金业和化工业等，这些行业构成了我国水污染的重要来源。尽管我国政府一直在推动相关行业解决水污染的问题，我国大型工厂的污水处理能力也取得了非常巨大的进步。“今天，大型正规工厂90%的工业废水已经经过了某种程度的污水处理。”①但是，在大型工厂之外，我国还有许多小型民营工厂，广泛分布在中小城镇乃至农村地区，这些小型乡镇企业常常缺乏足够的资金来解决水污染问题，它们造成了中小河道和湖泊的严重污染。我国工业固体废弃物年产生量达 8.2 亿吨，综合利用率约46%。全国城市生活垃圾年产生量为 1.4 亿吨，达到无害化处理要求的不到10%。塑料包装物和农膜导致的白色污染已蔓延全国各地。近些年来，我国政府一直在推动城市污水处理工程的改进，这方面的情况已经得到了极大的改善，但是仍有一些城市在污水处理上存在问题。

二是煤炭作为主要能源大量使用。在相当长的时间里，我国的城市和家庭主要以煤炭作为能源，尤其是在我国的北方地区，煤炭的使用量相当大，作为一种洁净度较低的能源，这给大气环境带来了严重的污染。随着我国政府在能源使用上一系列政策的出台，城市家庭用煤数量在 20 世纪末出现了明显的下降，越来越多的居民开始使用燃气做饭，再加上电力和集中供暖的普及，我国城市的空气质量得到了明显的改善，这对于环境质量的提高意义重大。但是，在众多的发电厂里，还有不少设备在使用煤炭发电，与此同时，政府对硫化物的监控措施还有待完善，再加上部分发电厂属于中央企业的下属单位，对其的监管有一定的难度。这一切都使得煤炭的使用，仍旧是我国空气环境污染严重的重要原因之一。

三是车辆的增加加大了空气的污染指数。很多学者都指出，对我国空气质量影响最大的是卡车和轿车数量的急剧增大。在过去的几十年里，我国家庭汽车的保有量已经增加了几十倍，现在一线城市家庭几乎家家都拥有一辆甚至以上数量的汽车。尽管从 1999 年开始我国逐步减少含铅汽油的使用，但是汽车

① ［美］巴里·诺顿：《中国经济：转型与增长》，安佳译，上海人民出版社 2010 年版，第 439 页。

排放出的污染物颗粒和气体仍在增加，其中包括一氧化碳、二氧化氮以及容易挥发的其他有害物。二氧化硫作为汽车内燃机工作的主要副产品，在空气中的含量显著上升，导致了臭氧、光化烟雾和温室气体的形成。既有的数据显示，华北平原地区的二氧化硫浓度尤其高，北京周边地区也比较突出，这也导致了过去几年中城市浓雾的出现。

四是农村地区的生活方式存在环保风险。在农村地区，绝大多数居民还无法使用燃气等更环保的能源，这一方面是因为其价格相对昂贵，另一方面是因为农村的燃气供给基础设施有待完善。其结果是，“大约半数的农村人口仍在使用未经改良的炉灶烧煤炭和柴火，因而在空气中产生出悬浮颗粒、氮气、氧化物、一氧化碳和其他污染物”。① 农村地区的生产和生活方式，影响了农村家庭室内空气的洁净度，部分人口因为室内污染患上了呼吸道疾病。在秋季焚烧农作物秸秆时期，农村地区产生的悬浮颗粒和不良气体，进一步恶化了整个国家的空气质量。

五是存在日益严峻的土地荒漠化问题。从地理和气候上讲，我国是一个有着广阔领土的国家，尽管东部地区濒临海洋，有着相对充裕的水分供给，但整个中部、西部乃至北部却雨量稀少。尤其是在瑷珲—腾冲线以西的地区，大量的土地都是沙漠，或者面临着沙漠化的风险。因此，有学者认为，中国在本质上是一个“干旱国家”。这种先天的地理条件导致中国的荒漠化问题，不可能是一个短期内容易解决的问题。我国的荒漠化有日益加剧的危险，荒漠一直在向东移动，其重要的原因是受人类生产和生活的影响。人类为了获得更多的耕地，对草原和林地进行各种过度开发，这个过程大大减少了森林的面积，并降低了土地植被的再生能力。根据国家林业局在 1999 年所作的调查，仅仅在五年的时间内，沙漠就增加了 5.2 万平方千米。由此带来的严重后果是沙尘暴的迅速增加。在 21 世纪初期的数年，有多次严重的沙尘暴横扫华北地区，北京的空气能见度锐减，整个城市上空都笼罩着悬浮颗粒，像穿了一层薄薄的尘衣。

---

① ［美］巴里·诺顿：《中国经济：转型与增长》，安佳译，上海人民出版社 2010 年版，第 439 页。

六是农牧业的过度发展给环境带来的压力。在牧民居住的北方草原地区，过度放牧成为荒漠化的重要原因。在这些地区，集体公社解体后，原先归于生产队的牲畜被分配到家庭农户，由于每个家庭都在寻求自身放牧利益的最大化，这导致了“公地悲剧”的加剧。尽管草原一度占中国国土面积的40%左右，但是过度放牧，以及城市化进程中对草原边缘地区日益强化的房地产开发，都导致了灾难性的后果。为此，我国政府开始实施“防风林带”来抵御沙漠化的进攻，但是在牧民聚居的内蒙古等北方边远地区，由于过度放牧导致的荒漠化还没有得到根本性的缓解。土地沙化造成内蒙古一些地区的居民被迫迁移他乡。我国每年流失的土壤总量一度达50多亿吨，每年流失的土壤养分为4000万吨标准化肥总量(相当于全国一年的化肥使用量)。

二、我国生态文明的发展方向与实践路径

(一)坚持中国特色社会主义生态文明道路

中国共产党十八届五中全会为中国设计出一条符合时代潮流、具有中国特色的绿色可持续发展道路，这不仅是对亚洲文明的一次重大启示，也是对世界文明与和平发展的重大贡献。① 新时代中国特色社会主义生态文明建设的理论是在马克思主义生态思想指导下，在中国特色社会主义改革实践基础上总结和提炼形成的关于指导生态文明建设的理论体系。

一是坚持马克思主义的指导地位，坚持社会主义生态文明的目标和方向。建设何种生态文明，这是我们首先需要明确的问题。党的十八大以来，中央提出创新、协调、绿色、开放和共享五大发展理念，这是对社会主义发展观的概括和总结，明确了我们要建设的生态文明是社会主义生态文明。这是一种比资本主义生态治理更为高级的文明形态，它的目标是实现经济发展、民生共享和生态良好等一系列内容的平衡。我们要建设的“美丽中国”是社会主义的美丽中国，我们对社会主义生态文明抱有无比坚定的信心，这一方向是我国坚持绿

① 于国辉:《坚持走中国特色的绿色发展道路》,《前线》2015年11月9日。

色发展的首要特征，为新常态下的经济社会发展提供了基调和指引。

二是吸收中华优秀文化中的养分，不断丰富社会主义生态文明理论。以儒家为主体的中国文化始终强调以动态和整体的眼光来看待世界，追求一种“天人合一”的最高境界。无论是“天人和谐”的自然观、尊重生命和兼爱万物的伦理观，还是中庸之道的价值观都对解决当代世界所面临的生态问题具有重要的启发意义。① 中华优秀传统文化中有关生态环境的思想，也得到了海外学术界的高度评价。怀特海在《过程与实在》中指出，尽管生态文明是一个现代的概念，但其思想可以追溯到中国悠远的历史传统，中华文明是一种根基深厚的成熟文明，而且它在根本上是与生态文明息息相通的。②

三是坚持政府在生态文明建设中的领导作用，充分发挥社会主义制度的优势。与西方国家的生态治理模式不同，我国的社会主义生态文明建设将政府的作用置于非常重要的地位。党的十八大以来中央关于生态文明建设的一系列会议和文件，明确肯定了政府在绿色发展中的角色，通过完善对经济社会发展的考核指标体系，实行省以下环保机构监测监察执法垂直管理制度，建立和完善领导干部的责任考核和追究制度。“对造成生态环境损害负有责任的领导干部，必须严肃追责。”③这一系列改革举措明确了政府在生态文明建设中的角色，提升了政府在生态资源领域的治理能力，充分反映了中国特色社会主义市场经济的制度优势。

四是坚持从中国实际出发，走中国特色的生态环保之路。如何突破经济发展和生态恶化之间的矛盾，从而找到一种新的经济发展模式，这是世界性的普遍难题。从目前来看，当代西方的生态治理模式完全无法移植到中国，尤其是向发展中国家的“污染转移”根本不符合中国社会主义的价值观。中国必须超越西方的生态治理模式，寻找到适合我国历史和国情的生态文明发展道路。亚

① Mary Evelyn Tucker, John Berthrong. *Confucianism and Ecology*: *The Interrelation of Heaven*, *Earth*, *and Humans*[M]. Harvard University Press, 1998.

② [英]阿尔弗雷德. 怀特海：《过程与实在》，杨富斌译，中国城市出版社 2003 年版，第 29 页。

③ 《习近平谈治国理政》第 2 卷，外文出版社 2017 年版，第 396 页。

洲学者钱德兰·奈尔在《亚洲的未来》一书中写道，中国将通过对自身文明的继承和发展，走出一条引领亚洲乃至全球的可持续发展道路，这将大大不同于西方消费式增长所主导的“繁荣”怪圈。中国的生态文明建设不可能复制西方国家的模式，必须走一条具有自身特色的文明发展道路。

（二）充分发挥政府在生态治理中的作用

生态文明，是指以人与自然、人与人、人与社会和谐共生、良性循环、全面发展、持续繁荣为基本宗旨的文化伦理形态。推进生态文明建设、共建美丽中国，是对马克思主义关于人与自然和谐发展思想的继承和发展，是建设中国特色社会主义的必由之路。

一是加强党对生态文明建设的领导。党的十九大报告指出：加强对生态文明建设的总体设计和组织领导，设立国有自然资源资产管理和自然生态监管机构，完善生态环境管理制度，统一行使全民所有自然资源资产所有者职责，统一行使所有国土空间用途管制和生态保护修复职责，统一行使监管城乡各类污染排放和行政执法职责，这是新时代中国生态文明建设的重要制度创新。加强党对生态文明建设的领导，这是深化生态环保体制机制改革的重要要求，是中国特色社会主义制度的重要优势。

二是坚持国家对资源生态格局的总体规划。我国实行的是以公有制为主体的基本经济制度，国家对重要的经济资源和生态资源依法拥有总体规划的权力。在这方面，我们要明确“美丽中国”建设的总体目标，优化国土空间开发格局，加强主体功能区建设，实施近零碳排放区示范工程，构建自然岸线格局等一系列重大战略举措，“给农业留下更多良田，给子孙后代留下天蓝、地绿、水净的美好家园”。① 中央政府在国土资源上的宏观规划，是中国特色社会主义制度优势，以及社会主义公有制优势的又一体现。通过将整个中国国土全方位地覆盖进来，中央政府为“美丽中国”画好了最好的蓝图。

---

① 中共中央宣传部编：《习近平总书记系列重要讲话读本》，学习出版社、人民出版社2016年版，第237页。

三是推进生态监管制度的落实。我国正在加快构建科学有序的国土空间布局体系，发展绿色循环的产业体系，实现约束和激励并举的生态文明制度建设，完善政府企业公众共治的绿色行动体系，全方位、全地域、全过程开展生态环境保护建设。生态环境监管是生态环境保护的基础，突出生态环境监管与监管执法联动是一项重要部署，强化监管是新时代我国生态文明建设的重要特点。我国政府健全环境保护督察机制，全面推进省以下环保机构监测监察执法垂直管理制度改革，加快推动排污许可证核发、环境监测事权上收，按流域设置环境监管和行政执法机构试点。中国按照生态环境监管网络建设方案，坚持全面设点、全国联网、自动预警、依法追责，形成政府主导、部门协同、社会参与、公众监督的生态环境监管新格局。对造成严重污染、严重后果的单位，坚决执行生态环境损害赔偿和责任追究制度。①

四是出台最严格的环境法律制度。社会主义生态文明建设需要完善相关法律制度，对破坏环境的违法行为进行惩罚。新一代中央领导集体高度重视生态文明的制度建设，习近平总书记指出："只有实行最严格的制度，最严密的法治，才能为生态文明提供可靠保障。"党的十八大以来，我国适时出台相关政策，完善社会主义生态文明建设的政策体系和法律体系，通过构建产权清晰、多元参与、激励约束并重、系统完整的生态文明制度体系，我国的生态文明建设正在进入法治化、制度化的轨道中来。依法治国将为我国的生态文明建设提供重要的制度基础，法治将为"美丽中国"的光明前景提供保障。

五是加快实施主体功能区战略。我国实行以公有制为主体的基本经济制度，土地总体上属于国家和集体所有，政府能够对重要的土地和资源进行合理规划，以确保可持续发展的需要。新时代，我国要推动各地区严格按照主体功能定位发展，构建科学合理的城市化格局、农业发展格局、生态安全格局。生态文明建设需要进一步加强区域协调合作。生态环境的各个方面诸如大气、河流、海洋、土地、矿藏、草原以及植被等资源都存在着天然的跨区域特征，其污染及治理具有明显的外部性。因此，推进生态文明建设，必须加强跨区域合

---

① 赵曼：《中国共产党生态文明建设思想的历史逻辑》，《人民论坛》2017 年第 1 期。

作治理，形成统筹协调的生态治理系统。在部分地区实行退耕还林制度，这对于平衡粮食供求矛盾，休养生息与农业可持续发展，提升农民收入，减轻国家财政压力都具有重要的意义。

六是领导和动员各方面的力量。要实现中国梦，建设美丽中国，亿万中国人民必须齐心协力，共同对现有的生态环境进行恢复、保护，对有限的能源资源树立节约意识。提高能源利用率是实现绿色发展的重要国策，但这项工作需要全社会的共同参与方可奏效，包括政府、银行体系、能源生产企业、能源管理公司、工程施工方、节能设备生产商、行业协会，以及学者、实验室和科研人员等都必须参与到这一进程中来。在党的领导下，这些不同的主体应进行行之有效的对话和协作，共同致力于绿色发展的目标。中国共产党统一领导的制度优势，在中国的绿色发展中已经体现出来了。①

(三)面向生态文明的经济体制改革

绿色生态是最大财富、最大优势、最大品牌，我们必须走出一条经济发展和生态文明水平提高相辅相成、相得益彰的路子。我们既要绿水青山，也要金山银山，宁要绿水青山，不要金山银山，而且绿水青山就是金山银山。新时代我国明确把生态环境保护摆在更加突出的位置，以资源节约承载力为基础，以自然规律为准则，以可持续发展为目标，建设资源节约型、环境友好型社会，努力走向社会主义生态文明新时代。这是我国生态文明建设在经济领域的重要要求，有利于推动经济的可持续发展，有利于提高人民群众的生活质量，有利于整个社会走上生产发展、生活富裕、生态良好的文明发展道路。

一是坚持公有制在经济基础中的主体地位。公有制有利于从根本上保护自然资源和生态环境。我国正在加大生态系统保护力度，实施重要生态系统保护和修复重大工程，构建生态廊道和生物多样性保护网络，筑牢国家生态安全屏障；完成生态保护红线、永久基本农田、城镇开发边界三条控制线划定工作。

① [法]皮埃尔·雅克等:《城市：改变发展轨迹》，潘革平译，北京：社会科学文献出版社2010年版，第82~84页。

美国佐治亚大学公共政策理论教授约翰·C. 伯格斯特罗姆对此予以高度评价，认为中国这种以公有制为主体的市场经济模式正体现出更多的优势，由国家出面来保护一些重要的公共资源，包括湖水、海洋、森林、土地等，对这些资源的保护是积累可持续发展能力、确保生态平衡的重要安排，中国经济模式有可能取得比西方更好的成就。相比之下，自由主义法律“在处理非排他性资源(如环境空气)恶化的问题上存在严重的不足之处”。①

二是国有企业带头履行环保责任。国内企业在履行环保责任的意识方面已远超外资企业，国有企业和民营企业都应积极承担环保责任，践行绿色发展。在环保百优入围企业中，中资企业所占比例达九成以上。国有企业入围数量最多，“企业越大，责任也越大”，做好绿色发展的带头作用是社会对国有企业的期望。民营企业的环保意识已经迎头赶上，入围企业数量仅比国有企业少三家，表明目前我国民营企业已经意识到“绿水青山就是金山银山”的道理，绿色可持续发展是企业发展的动力之源，成为推动我国环保事业发展的重要力量。

三是对各类企业实行更为严格的监管。在绿色发展中，至关重要的一环是如何解决中小型民营企业的生产方式问题。民营经济的崛起，是改革开放以来中国经济发展的重要成就之一，这些新兴经济组织为解决社会就业、促进经济增长做出了重大的贡献。但是，不可否认的是，部分民营企业还处于粗放式发展的阶段，尤其是从事造纸、化工、化肥等行业的企业，它们的生产方式相对粗放，对生态环境的负面影响也比较大。美国学者巴里·诺顿指出，中国少数企业为了获取利润“打深井卖水”的行为，增加了对中国供水可持续性的长期威胁。② 中国政府必须采取更为严厉的措施，严格管制部分私有企业急功近利，以环境作为代价的经营行为。中国政府已经下定决心，充分保证其监管政策的有效性，实施生态工程，全面推进生态环境的保护和治理。

---

① [美]约翰·C. 伯格斯特罗姆、阿兰·兰多尔：《资源经济学：自然资源与环境政策的经济分析》，谢关平等译，中国人民大学出版社 2015 年版，第 178 页。

② [美]巴里·诺顿：《中国经济：转型与增长》，安佳译，上海：上海人民出版社 2010 年版，第 448 页。

四是培育和支持绿色技术企业的发展。在生态文明建设中，要高度重视科学技术的作用，积极构建以市场为导向的绿色技术创新体系，这是我国生态文明建设的基础性工作，是绿色技术创新的基本要求。中国正在发挥市场在绿色技术创新中的决定性作用，将企业作为绿色技术创新中的真正主体，推动绿色技术创新与现实社会需求紧密结合。政府需要研究制定绿色技术创新企业认定标准规范，开展绿色技术创新企业认定工作，加大对企业绿色技术创新的支持力度。为了进一步支持企业的创新行为，政府应明确“财政资金支持的非基础性绿色技术研发项目、市场导向明确的绿色技术创新项目都必须要有企业参与，国家重大科技专项、国家重点研发计划支持的绿色技术研发项目由企业牵头承担的比例不少于55%”。①

五是重点发展生态农业和生态旅游业。在全球经济增长速度趋于下降的背景下，中国提出了绿色发展、创新发展等新的理念，这是我国实现经济转型升级的重要选择，对于全球范围内的可持续发展至关重要。我国已经将绿色发展理念深度融合到经济转型之中，正在抓住全球绿色创新潮流引发技术和产业革命的机会，推动国内产业结构的调整，对旧有的产业进行生态化改造等，发展循环经济和战略产业，这对于拉动全球经济的增长具有重要的意义。

（四）引导民众形成健康和谐的生活方式

习近平总书记指出：推动形成绿色发展方式和生活方式，是发展观的一场深刻革命。我们要坚持和贯彻新发展理念，正确处理经济发展和生态环境保护的关系，形成一种更加和谐环保的生活方式，坚决摒弃以牺牲生态环境换取一时一地经济增长的做法，使良好生态环境成为经济社会持续健康发展的支撑点，成为展现我国良好形象的发力点。只有在最广大人民的参与下，中华大地才能实现天更蓝、山更绿、水更清、环境更优美的目标，人民才能享受更加满意的生活。

① 国家发展改革委，科技部：《国家发展改革委 科技部关于构建市场导向的绿色技术创新体系的指导意见》，https：//www. 110. com/fagui/law_ 398570. html。

一是开展生态环境保护的宣传教育工作。应把生态环境保护纳入国民教育体系和干部教育培训体系，加强生态教育，提高全民族的生态道德素质。生态道德意识是建设社会主义生态文明的精神依托和道德基础，只有大力培育全民族的生态道德意识，才能使人们对生态环境的保护转化为自觉行动，才能真正解决目前面临的生态环境问题，才能为社会主义生态文明建设奠定坚实可靠的社会基础。在生态文明实践中，我们必须把公众意识引入人与自然的关系中，通过环保教育和科学普及工作，树立起公众对于环境保护的责任感，养成良好的生态意识和环保习惯，真正实现"环境保护，人人有责"。

二是弘扬中华优秀传统文化。美国耶鲁大学学者玛丽·伊夫琳·塔克在其编著的《儒家与生态》一书中指出，"儒家思想为重新思考人与地球的关系提供了丰富的理论资源"，儒家经典著作中充满了关于生态环境的真知灼见，启发我们尊重自然规律，关注不平等，对自然和人类社会的发展有长远的整体视野与规划。这种源自传统的智慧在当代中国的发展中仍旧有着重要意义，是绿色发展的重要文化支撑。

三是切实提升人民的环保节约意识。除了进行整体规划和制度保障外，还应注重夯实生态文明建设的群众基础，进行生态文明教育。同时，各级党员干部应主动下基层了解群众对生态保护的现状和认识，摸清在发展生产力的过程中面临的生态环境保护的盲点和误区，在宣传教育过程中不断结合国内国际生态情况，加强群众"绿化祖国、人人有责"的意识，倡导全民节约风尚。尤其要抓好学校教育，帮助学生树立环境生态观念、环境资源观念、环境道德观念。生态文明建设同每个人息息相关，每个人都应该做践行者、推动者。推动形成节约适度、绿色低碳、文明健康的生活方式和消费模式，形成全社会共同参与的良好风尚。

四是引导居民养成新的生活方式。中国需要塑造一种更可持续的消费文化，这充分体现在中国独特的审美意境中，这种消费文化无疑会为绿色经济提供更大的市场。孔子提倡"君子惠而不费"，作为中国传统文化精髓的儒家节用、知足消费价值观在当今社会仍然具有重要价值。安东尼·吉登斯指出：

“是时候对消费主义进行持续而积极的批判了。”①中国人民相较西方更习惯于公共交通的绿色出行方式，这对于我国的环境治理具有重要意义，并且为相关国家的绿色产业带来巨大的发展机遇。

五是为公民参与环境治理提供更多机会。在绿色发展进程中，政府应该为民众的参与提供更多的渠道，支持民众就有关生态环境问题进行细致的讨论，并且允许他们加入对环境质量的评估过程中。这种方式能够引入更多的社会力量，为绿色发展提供持久的动力，同时也为中央政府的决策提供最大限度的支持。美国学者巴里·诺顿指出：“如果类似库兹涅茨环境曲线这样的理论最终在中国成为现实，公众舆论的作用是不可或缺的。”②通过更好地发挥人民群众的力量，我国的生态文明建设将迎来更加光明的未来。在生态文明建设中，政府应通过学校教育、媒体宣传和实践培训等各种方式，在全社会推进生态文明理念深入人心，不断增强广大干部和人民群众的环境保护意识，营造和形成热爱环境、保护环境的良好氛围，人与自然和谐相处的价值观得到普遍认同。正是因为行之有效的环保宣传工作，我国的生态文明建设才从政策蓝图转变为每个企业、每个家庭和每个公民的自觉行动，生态文明建设已经成为人人参与、人人行动的伟大工程，“生态文明与可持续发展才能从宏伟蓝图变为生动的现实”。③

三、生态文明建设与国际合作

从世界范围来看，全球环境恶化的形势仍旧非常严峻，世界各国迫切需要携起手来，共同应对全球范围内的环境问题，实现人类的可持续发展。中国作为负责任的大国，需要更加充分地参与到全球治理的共同行动中来，为世界和平与发展做出更大的贡献。经过长时期的努力，中国的生态文明建设取得了巨

① ［英］安东尼·吉登斯：《全球时代的民族国家》，郭忠华译，江苏人民出版社 2012 年版，第 459 页。

② ［美］巴里·诺顿：《中国经济：转型与增长》，安佳译，上海人民出版社 2010 年版，第 450 页。

③ 全国干部培训教材编审指导委员会：《生态文明建设与可持续发展》，人民出版社 2011 年版，第 19 页。

大的成就，生态文明水平不断提高。中国的生态文明建设体现了中国特色社会主义道路的优越性，为全球环境治理和生态文明建设提供了中国方案。

（一）中国的生态文明建设，引发西方对自由民主制的反思

在政治领域，中国政府在生态治理中更加负有责任，能够强有力地通过生态保护环保法规。事实上，中国环境治理和生态文明建设的重要经验在于，将环境保护上升到国家战略意志的高度，由国家来推动生态文明建设的进程，使其融入经济社会发展的全局，并与中国的物价、财政、税收、金融和土地等相关领域的制度和政策有机衔接起来。国家在生态文明建设中的主导地位，使得我国的生态文明建设具有非常高的效率，取得了非常好的效果，充分体现出社会主义“集中力量办大事”的制度优势。

一是政府应该对环境保护负起责任，在环境保护中发挥主要作用。澳大利亚学者罗宾·艾克斯利在《绿色国家：重思民主与主权》一书中认为，西方的自由民主制已经不适应生态环境保护的需要，思想界应该重新思考政治与环境保护的关系。中国的国家观念契合了绿色发展的政治要求，国家在生态环境的治理中扮演着越来越重要的角色，这是中国的重要政治优势。着眼世界政治的未来，中国有可能成为“绿色国家”的典范，这一政治理念和制度更能适应环境保护的要求。在罗宾·艾克斯利等学者看来，西方的政治制度必须做出必要的改革，以适应人类社会对环境保护的要求。①

二是资本主义私有制在对自然资源的保护上，存在着制度上的局限性。相比之下，中国以公有制为主体的市场经济模式正体现出更多的优势。中国积极探索以公有制为主体的经济模式，这对于中国和世界的可持续发展至关重要。

三是西方政府受制于企业利益集团的阻碍，难以通过有效的环保法规。西方学者认识到，中国政府对企业生产活动的严格规制，推进了企业的转型和发展。近年来，中国政府为治理污染做出了巨大努力，如在大城市对车辆限行、

① ［澳］罗宾·艾克斯利：《绿色国家：重思民主与主权》，郇庆治译，山东大学出版社 2012 年版，第 141 页。

迁出重工业企业等，以降低能耗、减少有害物质的排放。相比之下，西方在生态立法上存在明显的制度性困境：软弱的政府受制于各种强有力的企业利益集团，难以通过并实施有效的环保法律。政府与企业的这种相对关系，反映出中西方制度的不同特点。

四是西方民众应该改变消费主义的生活方式，形成勤俭绿色的生活消费习惯。有学者认识到，西方的消费方式存在严重的问题，既不利于社会的和谐与团结，也不利于生态环境的改善。在这方面，中国可以为西方提供一些有益的启示。

(二)积极阐释中国生态治理方案，为发展中国家提供中国方案

长期以来，在西方主导的全球化体系中，发展中国家成为全球生态恶化的受害者。美国得克萨斯州大学奥斯汀分校荣誉退休教授阿尔弗雷德·克罗斯比指出，发展中国家的生态环境问题与美国主导的全球化不无关系。在这样的背景下，中国的生态文明建设为发展中国家提供了新的启示。经过 40 多年前所未有的增长，中国已成为全球经济强国。中国努力实施天然林保护工程、退耕还林工程、生态功能保护区、生态保护红线等国家级大型保护工程，现已建立了 2750 多个自然保护区，并正在建设新的国家公园系统。一些濒临灭绝和受到威胁的物种，如大熊猫正显示出恢复的迹象，森林覆盖率也有所提升。这些可喜的局面既是中国与周边国家团结合作的结果，也是人与自然和谐关系的反映。中国正在建设社会主义生态文明，成为一个“元组合星球上的环境领导者”，中国为发展中国家提供了重要的启示。

一是中国已经形成了独特的生态哲学，这为发展中国家提供了思想上的启示。习近平生态文明思想构成习近平新时代中国特色社会主义思想的重要内容，是马克思主义中国化的重要理论创新，对于引领中国的生态文明建设具有积极而深远的意义。迄今为止，西方关于生态文明的理论并没有带来一个更加和谐、更加美丽的世界，西方的生态改善是以全球范围的生态恶化为代价的，广大发展中国家在发展过程中仍面临着生态与发展的矛盾。中国生态文明建设的伟大实践，为人类社会带来了新的希望和愿景，有可能带来更为卓越的生态

文明。美国学者克莱顿指出，中国将跳过西方过去200年间在发展进程中所犯的错误，采用新的发展原则进行国家建设，西方哲学无法为人类提供解决文明危机的办法，而“中国人有足够的智慧，能够避免西方国家在现代化进程中所犯的严重错误”。① 中国的生态哲学具有重要的世界意义。

二是中国的生态治理实践强调政府的主动性，这为发展中国家提供了新的治理方案。中国为全球环境治理提供新的方案和选择，其中最重要的是发挥政府的积极作用，有效的国家干预对于应对环境污染至关重要。在这方面，西方的“小政府”根本无力解决严重的环境问题。生态学者阿瑟·摩尔与尼尔·卡特在《环境政治学》一书中认为，中国的生态文明体制正在出现一些新的特征：环境治理能力的强化、从环境规制向环境管治的转变、环境政策一体化程度的提高和公民社会作用的不断增强。转型中的中国已与大多数欧美发达国家之间存在更多的实质相似性而不是差异性，“中国的环境改革可以称为生态现代化的一个变体或另一种风格”，并因而正在成为“生态现代化的前沿”，并可能取得比西方更高的绿色发展成就。②

三是中国积极推动国际产能合作，通过发展新型产业带动发展中国家的产业升级。发展中国家在感叹中国经济快速发展的同时，也对中国不断改进工业技术，加大节能减排力度印象深刻。中国在绿色发展方面的承诺与努力显示了负责任的大国形象。中国在国际舞台上的影响力日益增强，特别是在应对气候变化、积极寻求绿色发展方面向其他国家做出了表率。一方面，中国强调实现绿色发展，产业结构向更加绿色、低碳方面转向，另一方面，中国加强同发展中国家在应对气候变化方面的合作，特别是在清洁能源、野生动植物保护、农业和城市建设等方面进行合作。绿色低碳产业的发展是各国的共同追求，中国在国际产能合作中主打的都是环保型先进项目，这让包括哈萨克斯坦在内的许多发展中国家在与中国的经济合作中受益良多，避免了“先污染，后治理”的老路。

---

① 韩显阳：《美国专家：看好中国生态文明建设》，《光明日报》2015年3月8日第12版。

② 周艳辉主编：《增长的迷思：海外学者论中国经济发展》，中央编译出版社2011年版，第182页。

四是提供绿色技术对外援助，帮助发展中国家改善本国环境。中国不仅自己走绿色低碳发展道路，也推动国际社会共同走绿色低碳发展道路。中国在与发达国家进行合作的同时，积极为发展中国家提供资金和技术支持，帮助它们应对气候变化，中国行动让应对气候变化的正能量扩散到全球范围。中国积极推动南南合作，“累计与 30 个发展中国家签署 34 份应对气候变化南南合作谅解备忘录，赠送节能和太阳能灯 120 万余盏、路灯 1 万余套、节能空调 2 万余台、太阳能光伏发电系统 1.3 万余套、清洁炉灶 1 万余台，通过赠送卫星监测设备，帮助发展中国家提高极端气候事件的预警预测能力”。① 此外，中国还举办应对气候变化南南合作培训班，为发展中国家培训了 2000 余名应对气候变化领域的官员和技术人员，范围覆盖 5 大洲的 120 多个国家。中国为推动和引导建立公平合理、合作共赢的全球气候治理体系，彰显我国负责任大国形象，推动构建人类命运共同体贡献了巨大的力量。

(三)积极参与全球环境治理，贡献中国力量

人类只有一个地球，保护生态环境、推动可持续发展是各国的共同责任。当前，国际社会正积极落实 2030 年可持续发展议程，同时各国仍面临环境污染、气候变化、生物多样性减少等严峻挑战。建设全球生态文明，需要各国齐心协力，共同促进绿色、低碳、可持续发展。中国承诺将继续引导应对气候变化国际合作，继续作为全球生态文明建设的重要参与者、贡献者、引领者。中国将以对中华民族福祉和人类长远发展高度负责的态度，主动承担与中国发展阶段应负责任和实际能力相符的国际义务，深度参与国际环境公约谈判，积极应对全球气候变化。

一是积极参与国际环保条约，参与国际环保组织的工作。中国率先提出了应对气候变化的方案，引导和推动了《巴黎协定》《斐济实施动力》等重要成果文件的达成。创新性打造多边部长级磋商平台，与印度、巴西、南非共同建立

① 刘毅：《大国担当！中国引领全球气候治理》，《人民日报》2018 年 6 月 13 日第 1 版。

了“基础四国”部长级磋商协调机制，与发展中国家建立立场相近国家协调机制，与加拿大、欧盟共同发起气候行动部长级会议机制。同时，积极参与公约外谈判磋商，发挥多渠道协同效应，进一步树立我国负责任的大国形象。中国在应对气候变化方面的承诺令世人备受鼓舞，中国的表率作用赢得广泛赞誉。“中国签署《巴黎协定》具有重要意义，表明中国作为一个负责任大国，正在切实履行推进全球气候治理的承诺。”①

二是注重引进国际先进技术，推动全球绿色产业的可持续发展。中国将国际环保科技的交往对象扩大到西方之外的国家，比如以色列作为资源匮乏的国家，在节水环保方面有着极其先进的技术水平，中国遂加强与以色列等国家的合作。中国正在将绿色产业瞄准处于全球经济金字塔底层的 40 亿人口所组成的庞大市场，这与西方瞄准社会上层精英的产业模式全然不同，这种更加友善、更加负责的全球化战略将为中国的绿色产业提供更为广阔的市场。②

三是坚持对外开放中的绿色技术合作，促进全球范围内的可持续发展。绿色技术创新必须是一个开放的体系，要以国际视野谋划绿色技术创新，积极参与全球环境治理，加强绿色技术创新国际交流合作。中国不仅与西方发达国家进行合作，还注重与以色列等国家的合作，吸收国际先进水平，并逐步加强自我研发和创新能力，不断提升防污染技术水平。

四是为全球环境治理提供公共物品，推动全球生态环境的改善。在应对全球气候变化问题上，中国逐渐成为应对全球气候变化的公共产品提供者。中国宣布出资 200 亿元人民币建立“中国气候变化南南合作基金”，支持其他发展中国家应对气候变化。随着环保技术的逐渐提升，中国还必须承担更多的国际责任，这是中国作为“负责任大国”的体现，也是中国进一步推进对外开放的要求。③ 中

① 徐伟等：《国际社会积极评价中国推动全球气候治理进程》，《人民日报》2016 年 4 月 25 日。

② [英]斯图尔特 · L. 哈特：《十字路口的资本主义》，中国人民大学出版社 2012 年版，第 112 页。

③ [美]迈克尔 · P. 托达罗，[美]斯蒂芬 · C. 史密斯：《发展经济学》，聂巧平等译，机械工业出版社 2014 年版，第 320 页。

国应根据自身的现实条件，适度加大向发展中国家的技术转移力度，并积极开发一些可为发展中国家接受的、价格相对低廉的污染控制技术，这将有助于推进发展中国家的工业化进程，控制全球生态环境危机。另外，中国要做好相应的对外传播工作，充分阐释中国作为“负责任大国”的道义担当，建构良好的国际形象。

着眼未来，中国将为整个世界的生态文明建设提供乐观的前景。生态文明研究专家莫里森在其著作《生态文明：2140——22 世纪的历史和幸存者日记》中预言：“从 2070 年到 2090 年，中国在世界可持续发展方面将起到引领作用。”中国正从工业文明社会向以可持续经济增长为特点的生态文明社会转变，这不仅对于中华民族的伟大复兴具有深远意义，而且有着积极的世界影响，“这将昭示并引导整个世界朝这个方向发展”。①

① 韩显阳：《美国专家：看好中国生态文明建设》，《光明日报》2015 年 3 月 8 日第 12 版。

第四章　宇宙开发中的社会问题

宇宙开发是未来人类发展的一个重要方向，宇宙开发对科学、技术、生产、文化以及对整个社会进步有着重大影响。宇宙的开发进程是不会中断的，但是在宇宙开发过程中肯定会出现很多以前没有出现过的社会问题，人类应该在看到宇宙开发巨大前景的前提下，严谨地对待已经发生或者即将发生的诸多社会问题以避免社会出现不必要的动荡。社会的进步固然重要，但是维护社会的稳定也是我们必须重视的。

第一节　宇宙与人类社会

宇宙与人类社会关系经历了统一、分离，再到重新结合的过程，宇宙对于人类社会的意义也从一开始的超越性存在，逐渐变为陌生、同质化的他者，最后重新获得人化、社会化的内涵。人类与宇宙的关系是宇宙社会学的核心，无论是采取现代自然科学的态度、政治经济学的态度，还是科学社会学的态度，宇宙始终在人类社会的发展中扮演着重要的角色。

一、前现代时期的宇宙与社会

宇宙一直以来属于人类社会的一部分，杜尔凯姆在考察澳大利亚原始部落时发现，① 天上的星体已经被原始部落成员划分到部落内部。例如太阳从属于

---

① Durkheim E. *The Elementary Forms of the Religious Life*[M]. London: Allen & Unwin, 1915: 209.

A 部落，月亮从属于 B 部落，这是一种原初的对宇宙资源的社会分配，① 就像不同部落之间在分配领地一样。天体与宇宙空间既是从属于部族的物理空间领域与文化象征，还有社会角色的定位。天体一般代表未知的神秘力量或者神的化身，因此掌握天体知识的程度也是社会分层的根据，甚至天体的名字本身也是一种阶层知识。②

随着社会的发展，天上地下的社会秩序开始整合，对整合纽带的控制诞生了特权阶级。③ 各个文明的最高统治者都会宣称自己与宇宙秩序有密切的联系，对宇宙的祭祀是加深这种世俗特权二元对立的手段。除了宗教式的宇宙联系外，在科学精神诞生之初，希腊学者对于宇宙也做出了社会学意义上的解释。希腊语中“cosmos”与“chaos”相对，表达了宇宙所代表的秩序与人世无序之间的对立。④ 原始宗教倾向于按照地上的秩序理解宇宙，而希腊文明则倾向于使用天上的秩序规定地上的社会秩序。从这开始，宇宙秩序开始赋予世俗社会以新秩序，而不是以社会秩序统一宇宙。不过，所谓的理性、理念、完美的秩序，也是人的设想，只不过这种设想更具超越性，表达了人们对于世俗社会的一种期望。到中世纪，这个秩序被彻底固化，出现了“存在之链”的秩序描述。存在之链是一种社会秩序链条，其来自对于超越性秩序的肯定，以及按照这种超越性秩序规范世俗社会的愿望。存在之链是前现代宇宙社会的顶峰，体现了宇宙秩序对于人类社会的全面超越与控制。可以说在社会理念层面，这个时期是宇宙社会在主导人类社会。

---

① Dickens P, Ormrod J S. *Cosmic Society: Towards a Sociology of the Universe*[M]. Abingdon, Oxon, UK: Routledge, 2007: 15.

② Dickens P, Ormrod J S. *Cosmic Society: Towards a Sociology of the Universe*[M]. Abingdon, Oxon, UK: Routledge, 2007: 15.

③ Parsons T. *Societies: Evolutionary and Comparative Perspectives*[M]. Englewood Cliffs, NJ: Prentice-Hall, 1966: 54.

④ Dickens P, Ormrod J S. *Cosmic Society: Towards a Sociology of the Universe*[M]. Abingdon, Oxon, UK: Routledge, 2007: 20.

二、文艺复兴时期社会与宇宙的分离

然而文艺复兴打破了这种存在秩序，对人自我的发现，改变了宇宙社会秩序。① 人们开始重视自己的能动性，而不是按照宇宙的秩序来组织社会，杜尔凯姆称其为从机械社会秩序到有机社会秩序的转变。②

除了社会内部的秩序变迁外，自然科学的发展也在扭转人们与宇宙之间的关系。第一个重大事件就是哥白尼革命，哥白尼的天文学在社会学意义上改变了宇宙与人类社会联系的方式。当日心说取代地心说，不代表理性秩序的失效，而是造成了宇宙从一种与人类社会紧密相连的超越性存在，变为了疏远的他者。当人们发现宇宙并不是按照人们设想的规范性方式来运行，而是按照客观、自主的方式运行时，人与宇宙的联系不再紧密，现存社会秩序的合理性受到了质疑。因为如果按照人类社会秩序来自宇宙秩序的话，那么为什么宇宙中的秩序并不像宇宙与人类的联系者——教廷——所宣称的那样？特权阶层对宇宙知识的把控，其中肯定存在认识偏差或者欺骗行为。这种怀疑论思潮直接导致宇宙与人类社会的割裂，使得现代性社会中没有了宇宙的地位。

第二个重大事件是牛顿力学的提出。牛顿力学体系统一了天上地下所有客体的运动，让人们在科学认识论中明白宇宙与人类社会之间不是超越性的关系，而是共处在同质化的物质世界之中。这使得原来使用超越性宇宙秩序来规范人类社会的根基——超越性本身——失效了。济慈在《莱米亚》中指出："哲学(自然科学)剪掉了天使的翅膀，用数学定理征服了所有神秘。"③同样牛顿力学使用地上的物理学来研究天体运行，使得宇宙本身去神秘化了。宇宙天体不再具有神秘色彩，宇宙空间也不是未知领域，它们都服从统一的规律，具有

---

① Geertz C. *From the natives' point of view*[J]. American Academy of Arts and Sciences Bulletin, 1974, 28: 26-43.

② Dickens P, Ormrod J S. *Cosmic Society: Towards a Sociology of the Universe*[M]. Abingdon, Oxon, UK: Routledge, 2007: 25

③ Abrams M H. *The Mirror and the Lamp: Romantic Theory and the Critical Tradition*[M]. Oxford: Oxford University Press, 1981: 308.

与地上一切物体同理的可解释性与可预测性。

这两大事件结合在一起，构成了宇宙社会学的启蒙运动。现代性的认识论下不再有神秘、超越性的宇宙秩序，而只有物质性的自然存在。人类社会真正从宇宙社会中分离出来，同时也开启了让宇宙再社会化的过程。当然这个过程不是再次神秘化，而是物质化、资本化的过程。这时，不再是宇宙社会与人类社会二元超越性结构，而是宇宙作为人类社会的物质延伸而存在。

三、20 世纪物理学革命之后的宇宙社会回归

但是 20 世纪初的相对论与量子物理，似乎又打开了宇宙神秘性的一面。当然这次的神秘性不在于宗教式的神圣，而在于其规模与尺度上对于人类社会认识的超越。人类从未想象过在单纯社会延伸的意义上，人类社会的宇宙扩展会面临从量到质的飞越。宇宙的社会化与大陆间的殖民化是不同的，在地球的小范围中，我们可以使用已有的社会规则，套用到原来未曾使用这种社会建制方式的物理空间中，虽然现在发现这种套用也面临许多文化碰撞。但是宇宙不再适用这种社会规则，因为从物理条件到文明条件，现代性人类社会都面临推广上的问题。所谓的社会科学，几乎是完全基于现在的物理与社会现实。这些现实假设，在宇宙和非人的世界中，会受到严峻的挑战。① 无论如何，可以预测的是，宇宙的社会化在精神层面会像大航海时代一样，充满了未知与挑战。但是这种未知是否会变成新的超越性，还不能下定论。

宇宙本身也在这个过程中经历了从目的论存在到自然现象的转变。在柏拉图的宇宙理论中，宇宙是目的论存在，是社会发展、运动的目标与标准；而现代自然科学用机械的观点描述宇宙，宇宙现象只不过是一般物理现象而已。② 因此，宇宙没有了赋予社会伦理、行动指导、层级构架以意义的地位。从社会学的角度讲，宇宙知识的现代化是破除宇宙意义的过程。与自然界的意义一

---

① Urry J. *The Tourist Gaze*: *leisure and Travel in Contemporary Societies*[M]. London: Sage, 2002: 17-18.

② Tymieniecka A T. *Phenomenology and the Human Positioning in the Cosmos*: *The Life-World*, *Nature*, *Earth*[M]. Dordrecht: Springer, 2013: 21.

样，宇宙不再具有与社会的紧密联系，成了一个需要重新探索、解释的自然界本身。这也给社会本身带来了思考难题：难道社会仅仅是一种机械运动现象，而没有目的论的支撑吗？宇宙的社会意义丧失，超越性、标准性的不复存在，标志着古典秩序的消亡。人类社会需要在宇宙之外，寻找新的社会规范意义。

在 20 世纪 40 年代之前，宇宙空间在实践意义上还是无法触及的，直到德国弹道导弹，以及后来洲际导弹的使用，人类才真正触及大气层以上的空间。① 在 1990 年代以后，随着空间活动的次数增加，STS 学者开始考虑宇宙空间的社会建构问题。② 正如 18 世纪科学制图学使得国家与社会成员开始正视与管理自己的领土一样，今天的宇宙空间图像也在帮助人们建构宇宙空间的秩序。数学化、视觉化、标准化宇宙空间，不再是一个纯粹客观的科学过程，而是一种社会意识、文化的建构过程。

第二节　宇宙的科技社会学研究

以往的科技社会学研究，提供了丰富的宇宙社会问题集与方法库。现代宇宙开发中的废弃物问题、武器化问题、主权分配问题等，都是与以往解决社会中的科技问题的社会学方法紧密联系在一起的，甚至在宇宙文化、意识形态、共同体的社会建构中，科技社会学也提供了可以从地表延伸至宇宙的规范标准。

一、宇宙科技社会学的内涵

宇宙的科技社会学研究是一个全新的领域，因此我们必须借助已有的社会学范畴与学科来寻找交叉点，并在此基础上加入新的宇宙社会内涵，从而探索

① Brandau D. *Demarcations in the Void*: *Early Satellites and the Making of Outer Space*[J]. Historical Social Research，2015，40(1)：239-264.

② Brandau D. *Demarcations in the Void*: *Early Satellites and the Making of Outer Space*[J]. Historical Social Research，2015，40(1)：239-264.

宇宙科技社会学研究的主要论域。

(一)基于信任基础的宇宙社会研究

社会成员身份是社会学中最基本的构成要素，一般情况下，身份的多样性存在才能展现社会的活力与发展动力。当整个社会都朝向一个单一诉求，那么这种社会的内部样态就偏向单一性。而在独一性的宇宙社会学框架下，社会内部身份的单一性与宇宙社会以文明为单位的大尺度身份是一致的。可以说，宇宙社会学是一种战争社会学，所有的社会内部成员都为服务更大社会目的服务。使用独一性(singularity)来解释宇宙可以建构出一种不同于当今社会成员身份的“宇宙身份”，这种身份的存在尺度更大，它基于整个宇宙中文明的存在方面。①

对于这种更大尺度上的社会身份来说，文明之间的不信任成了社会关系的主要表现。② 这使得我们要重新考虑社会关系的基础是什么。从宇宙社会学来看，失去信任导致了黑暗丛林的生存方式。但是文明可以在科技水平无比悬殊的情况下存在社会信任的基础吗？信任本身就是一种对他人未见之事的期望，所期望之事达成越多，信任程度就越高；但是这种信任基础永远无法保障下次期望的达成，这体现了两个社会成员心灵间的封闭性。同样，两个宇宙文明之间也是封闭的，如果信任的基础是期望与猜测，那么猜疑链理论就会成立，最终的交往基础就会成为“最坏结果的集合”，这是信任建立的难点。

(二)宇宙中的海洋与战争社会意向

宇宙社会学对于一般社会学的突破还在于，宇宙社会学是一种基于高度科技文明基础上的原始社会，在这个社会中，文明的生存是社会的第一要义，这与社会发展理论中对于社会的理解是不同的。一般社会发展的逻辑认为，当整

① 曾军：《〈三体〉的“Singularities”或科幻全球化时代的中国逻辑》，《文艺理论研究》2016 年第 1 期，第 84~93 页。

② 李昊：《〈三体〉与宇宙社会学视野下的三个不可能性》，《西南交通大学学报(社会科学版)》2017 年第 6 期，第 48~54 页。

个社会的物质、精神文明发展到一定高度时，每个社会成员的自我实现将会成为衡量一个社会发展程度的标准。但是在宇宙社会学中，不论一个社会整体的发展程度如何，其社会文明整体始终面临生存危险，不论这种危险是否现实化，但是战争的准备始终是社会的第一要务。因此黑暗丛林法则是一种丛林法则，在这种文明的丛林中，发展不是为了社会福祉而存在，而是为了继续发展而存在。这是一种典型的战争思维，而在战争思维、战略层面，中国传统文化与西方的征服战争文化迥然不同。中国传统文化的战争观，始终存在以发展克服战争威胁的思想，“远交近攻”“不战而屈人之兵”等思维，都是试图以非战争方式来克服战争试图解决的问题。因此可以预见，在宇宙社会学中，中国社会学将提出与西方社会学存在根本差异的思想。

如果想在目前地球文明的尺度上比拟宇宙文明，那么海洋文明，以及海洋社会交往方式将是一个突破口。海洋中的社会群体存在方式与宇宙文明类似，具有对外的高度封闭性与对内的高度依赖性。海洋上的行动主体之间距离感非常强，分布稀疏，并且海洋的行动主体不能是单一个体，需要高度的协作才能在海洋空间中行动。这种社会行为方式的基础是，以社会关系为纽带的群体与群体行动环境之间的不相容。与土地不同，海洋中除了群体生存的有限船体空间，再没有栖身之地；同样在宇宙中，除了自己的飞行器与星球，再没有立身之地。这种社会成员与环境之间的不相容性，是单一星球内的陆生文明所不熟悉、不适用的。

（三）宇宙中的风险社会

宇宙社会中的风险以文明为单位来考虑，核心问题就是生存的风险，其本质是一种科技风险。风险社会本身就是一种奇点思维，因为前现代的科技风险，可能危害的范围小、程度低、影响小；而现代性社会中，尤其是电力信息网、化学品应用与核威胁存在以后，每个技术系统内部的风险稍有不慎，就是对于整个文明的毁灭。例如电力，很多科学家与社会学家都试图预测全球停电后文明崩溃的速度，虽然结果不同，但是结论是一致的，就是停电所产生的连锁反应会使得人类文明倒退回比无电时代更原始的社会形态中，并且将导致大量人口死亡。同样，核战争这种现代文明最危险的技术形态，一旦风险触发，整个人类文明将永无翻身之日。因此，宇宙社会学是一种理论上的风险社会学，其理论性、理想性恰恰体现在无法克服的风险之中。如果说现代性风险社会学是一种面向奇点的社会学，那么宇宙社会学则是一种超越奇点的社会学。而这个奇点就是社会必然面临的巨大风险，这种风险与社会之间没有空间与时间上的距离，只有数学上的描述方式。这就如黑暗丛林法则一样，风险与我们未曾谋面，但是一定存在着风险。在风险现实化之后，将会是全新的社会形态。

从科幻作品中讨论社会、政治问题是文艺理论研究的传统，而科幻作品往往可以提供出一种穿越现实情形的未来实验方式，从而更加使人不受既定思维的影响，直面问题本身。《沉默星球》就得到了学者们的关注，从而用来讨论冷战时期的社会意识形态在宇宙空间中的冲突。

宇宙开发活动与社会效益是紧密联系在一起的，宇宙活动促进可持续发展就是一种新的宇宙社会发展内容。目前在宇宙空间中实现的技术，都是可以覆盖整个地球表面的，例如卫星监测、通信等。这是发达国家对于发展中国家的技术红利分享，目前在非洲的气候、水文观测与灾害预防中，发达国家已经实际上提高了非洲的社会福利水平。在未来，基于卫星通信的远程教育设备，也将提高全球的教育水平，尤其是提高全社会的知识可获得性，这对于贫困人口、女性等弱势群体的帮助十分重要。因此，宇宙活动有深刻的社会含义，并且具有特殊的社会含义，即这种跨越边界的、无差别的技术使用范围，会提高外层空间之下的社会发展动力。

二、宇宙的风险社会学研究

在宇宙风险社会学中，有人使用贝克的世界风险社会来讨论外层空间的风险政治。在宇航任务中的核使用，似乎会面临贝克提出的有组织的不负责任问题，这是地球表面使用现代技术而忽视系统风险的态度的延伸。但是贝克理论的局限性在于，世界风险社会所假设的是一种与风险奇点不相适应的社会形态，即贝克本人的世界风险社会的社会学论断依旧是传统社会的。有组织的不负责任正是对经典社会的描述，其认为在技术风险面前，人们利用时间差、空间距离，转移自身与风险本身的责任关系，最终形成一种系统性风险，而系统中每个责任主体与责任之间的关系被技术系统本身淡化、消解了。而这种假设恰恰就是建立在风险本身对于每个责任主体的弱相关性上。对于宇宙社会学来说，每一次行动与决策是全社会层面的，是世界风险层面的，而不是责任主体层面的。贝克认为二战后大众对于核风险不够重视，两极格局对于核武器使用的危险态度，是基于对技术系统中每个个体的考量。从事实上看，两极对抗中始终没有使用核武器作为战争手段，而是作为威慑手段。整个世界在面临为某个主体的行为负责时，并没有把风险转化为现实。这是一种以事故为导向的风险理论所无法解释的，而风险中的责任不能以这种事故导向的责任分配系统来理解，因为在理论上世界风险事故的责任是任何风险世界中的参与者都无法承受的。因此，我们需要一种职责导向的风险理论。对于宇宙社会学来说，职责导向就是人类命运共同体的导向。想超越风险的起点，尤其是宇宙中未知力量，包括文明与自然力量，以及地球表面对于外层空间的社会后果，就需要从社会职责的角度来预先考量，或是基于假设的后果进行理论上的事后考量。

同时，宇宙中的废弃物问题，也是一个全新的邻避问题。在一般的邻避问题中，所有权与使用权的分歧是核心的社会问题，在所有权模糊的情况下，使用权之间的冲突是需要解决的风险事件。但是在外层空间中也同样面临类似的问题，目前没有哪个国家对于空间轨道与天体宣称主权，因此是一片“公海”。近地轨道这片“公海”，因为已经发生了碎片威胁现役卫星的情况，因此其邻避问题与经典语境中的问题保持一致。但在更遥远的空间，例如旅行者一号所要触及的太阳系外空间，目前没有任何威胁到人类活动的可能性。深空探测活动发生的场所是人类文明中前所未有的“公共池塘”(common pool)，是无边无际、未知的“后院”(backyard)，一般风险感知中的差异研究能使用在宇宙空间吗？对于未宣示主权、所有权的空间，应该如何考虑其风险问题？这直接挑战了风险社会学中的三个基本假设：

假设一：自我与他者的边界。在一般的技术风险，尤其是技术所导致的环境风险中，都会有风险行为所明确指向的风险人群。例如海洋塑料垃圾，会直接体现在远洋捕捞的海洋生物体内，影响海鲜食品消费人群，构成健康风险。如果从世界风险共同体的角度看，大气圈层之内的环境污染行为，都会或大或小对人类本身有影响。但是近地轨道以外的宇宙空间活动就不同了，是完全没有所有权与人类影响的区域，人类社会的行动在这个范围内面对的是完全的他者。但是这个他者又会转化成自我的资源，例如太空采矿，一旦某个外太空的物理存在被人工化，那么又会出现地理大发现、资本主义殖民时期所出现的问题。所以人类迈向太空，是宇宙社会学的一次抉择，是继续选择殖民主义、人类中心主义的老路，还是用全新的眼光重新审视——宇宙——这个古老的他者，这考验着人类的智慧。

假设二：感知的大众化解释。风险感知一般都是统计学意义上的、普遍化的，是一种群体的表征。尤其是在邻避效应中，只有足够多的感知主体与感知差异，才会有不同的公众意见(舆情)，从而产生邻避效应。但是目前宇宙空间的社会行动主体单一化，都是国家决策者与科技专家之间的互动，与公众的关联性很小，因此其在社会学意义上不具有典型性，甚至具有知识精英所带有的特殊性。这是一个基本的社会问题，即什么样的个体行为才算得上是社会行为的问题。宇宙社会行为是一种新社会学的实验场，其宇宙空间的每一个社会成员行为，都需要重新反思其社会学意义。太空中供人活动的空间绝不是简单的人类社会活动空间的复制，其在行为、感知、心理等各个层面的活动本质都被改写了。

假设三：社会资源有限假设。不论人类社会的增长有没有极限，在特定时空下、特定事件内，我们所讨论、使用、筹划的社会资源都是有限的。这种有限性既体现为获得资源的能力有限，也体现为环境提供的资源数量有限。但是在宇宙中，所有的行动资源几乎都是从地面获得的。宇宙活动的有限性是目前宇宙社会的一个最大特点，这一点与航海是类似的。此外，我们认为宇宙资源是无限的，在任意尺度上其资源储备都是地球本身所不能比拟的。基于这两个资源情形，宇宙社会中的行为天然带有两重性：自我生存资源的有限性与资源占有可能的无限性。从科技观的层面看，人们面对宇宙所建立的社会类似于人类社会最初级的阶段，体现为把自然资源转化为社会资源的能力不足。

如果宇宙也是自然的一部分，那么在建立宇宙社会的同时也必须考虑生态问题。事实上，宇宙开发活动有非常迫切的社会需求。太空育种、卫星监测等，都是为地面上的人类社会发展服务的，在这个意义上，目前的外层空间宇宙活动，只不过是人类社会的延伸而已。但是，从风险社会的角度看，这种系统性的技术解决方案，一方面会带来新的技术风险；另一方面，会更新现有的社会结构。因此，宇宙中的生态、环境风险本身，也在建构着宇宙中的人类社会。

三、宇宙的科学知识社会学

宇宙社会学也包含宇宙知识的社会学。外层空间与地球表面空间在社会知识系统中划分出了一种二元论，这种二元论既体现在有用知识与无用知识的区别上，也体现在伦理上高尚的知识与低劣的知识上。① 因为在人类知识诞生早期，关于宇宙的知识往往与纯粹的数学与宗教知识相关，所以在知识价值上被认为是最高的。从事宇宙科学知识研究的学者往往也被认为是神学家、哲学家，以与一般的工程专家相区别，从而获得了伦理上的优越性。而在资本主义出现以后，资本逻辑统一了精神劳动与体力劳动，原来所谓的高尚的智力活动、无用的知识生产活动，也获得与体力劳动一致的价值内涵。宇宙知识的去神秘化，或者说从事宇宙研究的学者群体的去神秘化，使得宇宙知识成为了新的二元论的社会知识。是从宇宙探测等角度看待宇宙空间，还是从超越性、伦理学等角度看待宇宙空间，直接决定了人们在处理宇宙事务中的社会态度。

1955 年，东西方新闻媒体都面临着描述卫星这一科学大事件的难题。② 对于大众来说，卫星的运行是一个难以经验化、常识化的内容。例如在卫星运行轨道的描述中，采用轨道与地球图像相分离的表征形式，更不容易触碰到两极对立下的国家意识底线，这种原子图示型的行星轨道，把卫星定义成与世无争

① Dickens P. *Alienation, the cosmos and the self*[J]. Sociological Review, 2009, 57(s2): 47-65.

② Brandau D. *Demarcations in the Void: Early Satellites and the Making of Outer Space*[J]. Historical Social Research, 2015, 40(1): 239-264.

的纯粹科学创造，并且表示了天上地下、微观宏观物理运动的统一性，更容易让人联想到科学问题。而在地图上描绘卫星运动轨迹，挑动了每个人的神经，这时卫星就像飞机一样划过领土上空，更容易被公众认为是一种侵犯，从而激化了两极对立的矛盾。因此，最后媒体采取了原子轨道图示来表征这一新科技，减少了空间探索本身的政治社会意涵。由此可以看出，卫星的运行本身是独立的客体行为，但是对于这种行为的描述不是中立的，而是社会的。宇宙中的各种知识存在这种社会意涵，这是宇宙社会学讨论的一个重要方面。

另一个宇宙知识的社会建构体现在科幻作品中对于空间飞行器的描述上。① 在科幻作品中，火箭与航天飞机是非常常见的两个意象，在航天工程最初阶段出现的频次不相上下。但是后来由于美苏空间技术路线的差异，美国走航天飞机路线，而苏联走火箭(宇宙飞船)路线。由此，我们熟悉的西方科幻电影中，例如星际迷航、星球大战，都是以美式的航天飞机为原型进行创作，是可以反复利用的航天器械。这也是空间技术在社会文化中的表现，宇宙开发的进程从一开始，就体现了政治对其的影响，在塑造着社会本身。

在前现代社会中，当宇宙作为超越性存在时，不只是在社会结构上与人类社会有一一对应的关系，东西方文化中都有把宇宙作为单一实体的思想，认为宇宙是一种精神、意识实体。② 把宇宙作为精神实体，实际上与社会发展、运动观是联系在一起的。在东方文明，尤其是中国文化中，天体的运行代表了一种宇宙精神的表征，统治者的合理性与朝代的变迁都会归结于这种宇宙意识。此时，宇宙作为单一实体代表了社会规则实施与评价的主体，是一种实体论、有灵论的宇宙观。

这种有灵论的社会文化观念，促成了现代社会对地外文明的探索。宇宙科技的社会研究还关注对外星生命的探索，在太空生物学中，期望的生命形式是微生物；而在科学共同体外的地外生命探索中，大家更多地期望外星智慧生

① Brandau D. *Demarcations in the Void*: *Early Satellites and the Making of Outer Space*[J]. Historical Social Research, 2015, 40(1): 239-264.

② Monzavi M, Murad M H, Rahnama M. *Historical Path of Traditional and Modern Idea of "Conscious Universe"*[J]. *Quality & Quantity*, 2017, 51(3): 1183-1195.

物，这是一种社会分歧。① 在这个分歧背后，是现代性社会的两种分歧，一种是完全的现代科学观，从经验证据出发，最保守地假设宇宙的存在状态；而另一种是文艺复兴以来的人类中心主义，按照地球的尺度来衡量宇宙中的情形。由于这两种观念论上的不同，导致人们对很多科学概念的解释都产生差异，例如所谓的类地行星的含义，甚至生命的内涵都存在差异。这种差异的双方与现代性之前的宇宙社会观都有所不同，现代科学观强调重新审视，是一种笛卡儿式的概念重建；而人类中心主义认为我们只能获得以地球上现有知识为认知模型的知识，所谓生命、生物、宜居等问题只有在人的尺度上才是有意义的。那么显然按照这两种观点建构的宇宙存在，也会具有截然不同的社会含义。但是可以肯定的是，现代自然科学所带有的“上帝视角”，并不是绝对客观的，也不是“第三人称”的，当面临最根本的文明碰撞时，自然科学属人的一面也会暴露出来。因此，现代宇宙社会观只是两种不同的人类主义而已。

第三节　宇宙开发中的国际关系

宇宙开发是人类探索空间知识、维持人类发展的必由之路，宇宙开发活动虽然目前规模小、频次低，但是依然面临公地问题、邻避问题，也是大国政治角逐的主战场。从和平与发展、互惠互利、团结共赢的角度看，在宇宙开发中所有人都应该遵守一定的基本原则，从而保证宇宙社会有序发展。

一、宇宙开发活动中的历史问题

宇宙的社会学研究诞生于对外层空间的探索。当各国纷纷进入外太空，在距离地球并不遥远的近地空间中，如何分配权利与空间，是一个典型的国际社会问题。例如在卫星轨道的设定与近地轨道飞行器的废置问题上，国际社会的

---

① Billings L. *From Earth to the Universe*: *Life*, *Intelligence*, *and Evolution* [J]. Biol Theory, 2018, 13: 93-102.

政策讨论形成了第一代宇宙社会学的文本资料。

目前的国际关系状况对于宇宙探索更多起到负面的影响，因为目前宇宙的开发权只掌握在少数几个国家手中，例如美国、俄罗斯等。① 对于大国决策来说，国家安全是首要目的，因此宇宙社会合作越来越困难。中国已经有了自己的宇宙空间站，俄罗斯也不会放弃自己的空间站，而所谓的国际空间站对于航天大国来说，战略意义逐步下降。如何构建可持续、开放的宇宙社会规则，是摆在航天大国眼前的难题。随着宇宙资源不断被发现，以及空间开发技术的进步，空间采矿、行星开发已经是提上日程的国际事件。

而在这些宇宙事件背后，是人类本身对于自己的伦理探索。宇宙开发给了我们一个重新思考伦理界限的机会，原来我们认为伦理是个人、家庭、国家层面的问题，但是今天我们迈出地球范围，第一次感觉到我们是代表了全球以及整个人类。② 全球主义的伦理观既促使我们考虑人类道德共同体的成员与整个共同体的关系，即成员对共同体的代表性，以及成员行为对共同体的影响；也使得我们关注人类共同体的意义，即是否可以相对于人类社会之外假定道德交往对象，从而把人类共同体作为单一主体。

目前宇宙外层空间的社会治理主要是依靠空间政策。例如“禁止外层空间军备竞赛”“不在外层空间首次使用武器”“透明、互信的外层空间活动措施”等联合国政策法案。③ 在国际社会治理中，目前最关注的是空间安全问题，尤其是通过外层空间对于地面的武器打击问题。这种外层空间的安全关注，来自冷战时期对空间开发的战略忧虑。在冷战时期，宇宙活动是军备竞赛的延伸。这种科技实力的竞争，指向的是更便捷、彻底地毁灭敌对势力的方式。因此，宇宙开发活动在一开始就带有对抗的色彩。卫星技术、载人航天技术在一开始也

---

① Bignami G，Sommariva A. *The Future of Human Space Exploration*［M］. London：Palgrave Macmillan，2016：174.

② Bignami G，Sommariva A. *The Future of Human Space Exploration*［M］. London：Palgrave Macmillan，2016：183.

③ Al-Ekabi C，Ferretti S. *Yearbook on Space Policy* 2016：*Space for Sustainable Development*［M］. Cham：Springer International Publishing AG，2018：16.

是为军事目标服务的。目前国际社会在宇宙活动中最需要警惕与治理的就是宇宙开发的非和平目的，这直接关系到了以后宇宙活动的基调，以及现在地表空间的安全。而对于现在的地球社会来说，外层活动的透明性显得十分关键。宇宙中的人类活动是难以被观察与监督的，如果此时不能建立有效的信任、沟通机制，冷战的铁幕又会重新在宇宙中升起。

二、宇宙开发中的新帝国主义危机

必须看到的是，宇宙技术的应用也会导致发达国家对于发展中国家的控制。目前宇宙技术可以获得的可持续发展知识，本身是一种信息知识。信息知识虽然本身的价值不会随着重复使用而减少，但是知识的持有者可以形成知识壁垒，利用信息的不对称压榨他人。这是知识经济社会特有的现象，也是宇宙社会特有的现象。当宇宙技术使全球联系在一起时，这种联系对于每个主体来说是不同的。有的主体是双向联系，既互惠互利，又互相监督；但是有些主体只是单向地被他者获得信息，而对自己与他者的信息无法自主获得。这是一种新的信息殖民主义，或者是宇宙殖民主义。因此，宇宙活动对于地球社会的影响是多方面的，而不一定只是正面的。

《宇宙社会》一书认为，宇宙对人来说，永远是地球社会中合法性、权力结构的投影。因此，宇宙社会学讨论的应该是宇宙的人化问题。按照马克思主义的观点，人对宇宙这个自然界的人化过程，也是宇宙社会化的过程。在这个意义上，马克思主义的政治经济学可以作为解释宇宙社会的一个角度。历史地看，理论上讨论宇宙学的时间段中，并没有产生宇宙社会学。宇宙社会学只能产生于人类物质活动第一次触及宇宙空间的时候，即资本主义的帝国主义时期。因此，宇宙社会也是帝国主义的，带有工业社会的特质。从这个角度看，宇宙开发并没有所宣称的带有那么纯粹的科学目的。其无法掩饰的经济目的、社会目的，是分析宇宙活动的必要视角。宇宙中的军备竞赛、宇宙开发中的精英主义，都是指向宇宙社会的资本主义本质。

迈克尔·哈尔特和安东尼奥·奈格里在《帝国》一书中指出，资本主义发展面临的一个问题就是殖民空间的缺失，殖民者认为“再也没有外面(的殖民地)了"(there is no more outside)。① 但是，宇宙给帝国主义提供了新的扩张范围，那是否意味着资本主义迎来了新的生机呢？显然不是。扩张的空间缺失是资本主义对于自身危机寻找的理由，以为有更多的生产资料就会平息资本主义生产方式带来的弊病。然而从马克思主义理论出发，资本主义的社会形态不会因为转移到宇宙空间中就发生变化，这也意味着资本主义的社会矛盾也不会因为转变成宇宙帝国主义而得到消解。相反，当全球资本主义变成宇宙帝国主义的时候，资本主义生产资料私有制与全球化之间的矛盾会得到进一步的放大。宇宙化会带来更高的信息知识要求，占有与共享之间的矛盾会达到前所未有的尖锐程度，并且帝国主义在化解矛盾时采用的社会福利与经济政策方式，也会在以宇宙生存为第一要义的衡量标准下被边缘化，直至消解。每当人类本身的意义在超越资本的层面上被拷问时，都是资本主义世俗化、虚无化尝试的又一次失败。宇宙性生存的意义不仅是自由地劳动，更是对自我与他者关系的重新建构或者本质回归。用次要属性控制、规约第一属性的方式也必然归于无效，真实、透明的交往方式才是根本的努力方向。

我们需要在人文地理的意义上使用"空间修复"(Outer spatial fixes)，来消除资本主义对外扩展过程中对宇宙社会空间的资本主义化。②

① Dickens P. *The Cosmos as Capitalism's Outside*[J]. Sociological Review, 2009, 57(s1): 66-82.

② Dickens P. *The Cosmos as Capitalism's Outside*[J]. Sociological Review, 2009, 57(s1): 66-82.

第五章　工程活动的社会意蕴

工程活动日益影响着我们的生活。生活质量的提高，人们向往的美好生活离不开工程活动，工程活动在社会中越来越扮演着不可或缺的角色。工程活动属于社会，不能离开社会而发展，同时也受社会的影响与约束。工程活动主体作为社会要素之一，其社会责任、伦理责任等问题值得我们深入探讨。

第一节　工程活动中的社会问题凸显

工程社会问题是指工程设计、实施等工程活动所产生的社会问题。现今，人们往往在技术理性的支配下，忽略了工程技术的复杂性，最终不仅造成工程的损失，也会引发一系列工程社会问题，主要包括工程伦理、工程风险、工程管理、生态环境以及工程与公平等问题。

一、工程伦理问题

工程活动是对自然资源的开发利用的有组织的活动。李伯聪指出，工程是改造世界的物质实践活动，是人类全部的实践活动和过程的总称。① 工程具有具体的实现目标，其建设和实施就是使理论不断地转变为现实的过程，是设计

① 李伯聪：《工程哲学引论——我造物故我在》，大象出版社 2002 年版，第 8 页。

方案不断实现的过程。工程与外部环境是相互影响的，最优化工程就是使工程选择时能实现经济效益和社会效益的最大化。现代工程技术为我们创造出舒适的现代生活，人们在这种生活中得到了极大享受，与此同时，现代工程技术带来的副作用也层出不穷，完全有可能给人类带来危害与灾难，使人与自然的关系产生失衡，威胁着人类乃至地球上物种的生存环境。在工程活动过程中，工程作为一个系统，对伦理道德有着越来越深远的影响。人类无论是凭借自己已有的科学技术来干预自然生态系统，还是根据人类的思想来创造人工的生态系统，均难免会违背自然规律，并出现失误，产生意想不到的后果。工程是应用科学技术使自然最佳地为公众服务的活动，工程活动远不只是一项简单地服务于具体现实目标和可计算经济效益的技术操作，而是我们对地球的前途和人类的命运做出的一次次选择。① 工程技术活动涉及工程技术人员和从业者的利益，涉及子孙后代的利益。因此，需要建立起强烈的道德责任感，自觉地担负起维护人类共同利益的使命。

工程伦理的内容包括工程师的职业伦理，如对社会公众的安全健康与福祉所应负的责任、工程技术本身所带来的伦理问题等。工程实践的过程既有工程应用中的利益要求，也强调工程师的伦理责任，责任问题反映工程技术人员对人类的深切关怀和高度的正义感。正如余谋昌教授指出的，工程伦理是从“工程问题”提出来的。一般工程伦理是指工程技术活动中人际道德研究，包括：①工程技术人员之间、工程技术人员与工人之间的道德原则和规范，如平等公正，相互信任，互相尊重，以诚相待，团结友爱。实施这些道德规范，可提高工程技术队伍的生产力。②在工程技术的研究和实践中，追求真理，勇于探索，敢于攻坚，不畏艰险，尊重事实，坚持真理，修正错误，以保证工程设计和建设的质量。③工程技术人员在处理与企业和社会之间的关系时，既要忠诚于雇主，努力工作，对企业负责，又要忠诚于人民和社会。不能以损害他人和社会利益的形式追求企业的利益。当两者的利益发生矛盾时，以人民和社会的

① [美]维西林、[美]冈恩：《工程、伦理与环境》，吴晓东、翁端译，清华大学出版社 2003 年版，第 330 页。

利益为重等。①

工程作为一种改造自然为人类谋福利的实践活动，在人类改造自然的过程中，必然要牵涉到人与自然、人与社会、人与人之间的关系，用什么样的准则来指导人们的实践活动以及协调和处理上述关系，这就是工程伦理学所规范的内容。② 为了实现工程技术的发展，工程技术人员在工程中需要遵循一系列基本的伦理原则：人道主义原则、尊重生命的价值原则及人人平等原则等。肖平认为，工程伦理的着眼点不是建立一套完整系统的理论，而是具体地探讨和解决工程实践中提出的道德课题。③

当然，任何一项工程都具有独特性，不是已有的科学知识和以往工程经验所能完全涵盖的。所以，“失败是一切有用的工程设计中所固有的”，工程中内在地存在着危害人们生命、健康和财产安全的风险因素。“用户及公众能够接受何种风险？”“怎样确定可接受的风险水平？”“谁来确定这个标准？”等问题，都不是简单地应用科学理论就可以解决的纯粹技术性质的问题，而是带有伦理性质的难题。也就是说，工程之中存在着丰富的社会伦理问题。④ 道德行为、道德规范的变迁在很大程度上取决于人们价值观念的变迁，一定的社会行为规范总是要求相应的价值观与之相适应，有什么样的价值观念就会产生什么样的行为规范。⑤

二、工程风险问题

德国学者贝克曾指出，现代社会是一个风险社会，“占据中心舞台的是现代化的风险和后果，它们表现为对于植物、动物和人类生命的不可抗拒的威胁”。⑥ 有

① 余谋昌：《关于工程伦理的几个问题》，《武汉科技大学学报（社会科学版）》2002年第4期，第2页。

② 马成松：《对工程教育中工程伦理问题的思考》，《高等建筑教育》2003年第3期，第15页。

③ 肖平：《工程伦理学》，中国铁道出版社1999年版，第33页。

④ 李世新：《对几种工程伦理观的评析》，《哲学动态》2004年第3期，第36页。

⑤ 李汉林：《科学社会学》，中国社会科学出版社1987年版，第244~245页。

⑥ ［德］乌尔里希·贝克：《风险社会》，何博闻译，译林出版社2004年版，第7页。

学者认为，工程风险是影响工程活动目标实现的各种不确定因素的集合。① 不确定性作为工程风险显著的特点，隐匿于各种工程活动中，在一定条件下可能会导致工程事故。工程风险问题在设计、招投标和施工等不同的阶段均存在，不同的阶段形成的风险不一样。在设计阶段，由于存在着一定的市场垄断，缺乏充分竞争，导致设计质量低下，严重影响到工程后期的实施和使用。在工程招投标阶段，存在不合理的竞争现象，使得正常的工程招投标出现了异化。在施工阶段，一部分施工者会偷工减料，导致工程质量无法得到保证，甚至出现了烂尾工程，使得工程存在安全风险。正如美国著名工程社会学专家迈克·马丁(Mike Martin)所指出的："'工程是社会实验，是涉及人类主体在社会范围内的一个实验。'而在此实验过程中，从实验之初的可行性论证，到工程设计和施工建造，再到工程维护与保养等全过程都可能存在着各种风险。"②

实际上，工程风险的存在具有广泛性与逻辑的必然性，工程活动一般都是多主体完成的，各种不同的主体分担不同的工程实践任务，也有一定的利益诉求，从而给工程活动带来一定的不确定性。同时，在这过程中，工程师与管理者身份差异的冲突以及工程师自身知识的局限性也会带来工程社会问题。另外，工程风险作为人造的风险，还具有潜伏性和长远性。工程风险的产生，包括从隐患的出现到安全事故的爆发可能有一个过程，而消除工程安全事故的影响更需要一个较长的时间，而且发生具有不易觉察性，这会给防范工作带来一定的问题，在实践中会引发工程风险。③

三、工程管理问题

由于工程目标的争夺和实施的复杂性，通常在工程管理中会出现诸多的利

① 闫坤如：《对工程风险认知的主观贝叶斯分析》，《科学技术哲学研究》2014 年第 5 期，第 65 页。

② Mike Martin. *Roland Schinzinger. Ethics in Engineering* [M]. Boston：McGraw Hill, 2005.

③ 参见赵文武、廖巍、戴年红：《工程安全与工程安全人才培养》，《中国安全科学学报》2006 年第 1 期，第 72~73 页。

益矛盾。正确处理这些利益矛盾，不仅需要提升企业对工程管理的重视程度，还要强化政府对工程项目的管理与监督。政府监管不力，不能很好地监督存在质量问题或缺陷的工程活动，导致违背工程伦理的事件层出不穷。部分企业在工程管理上存在缺陷，企业过分追逐经济利益，采取不正当竞争，造成工程伦理的缺位。部分企业管理者甚至利用自身的绝对控制权来强迫工程师忽视或者降低技术要求。特别是关于工程的全程管理，包括资金管理、技术管理、材料选用、工程监督等缺乏专业严格的管理，引发工程各个阶段的各种风险问题。近年来，“豆腐渣”工程的涌现成为工程技术带来社会问题的有力证明。这些腐败工程以牺牲质量为代价获得局部利益，危害了公众及社会的利益。例如，2006 广东信宜市石岗嘴大桥突然坍塌，就凸显了工程管理中的一系列问题，包括管理缺乏规范化标准，管理者、设计者和施工者等权责不明确，管理者缺乏职业素养。这不仅导致资源浪费，也危及人们的安全。另外，部分企业家和工程师存在着职业伦理水平偏低的情况，“市场经济体制不完善的直接反映，表现为不健全的职业规范、较低的职业技能和道德水平”。① 较低的职业化水平，容易引发工程的社会问题。

四、生态环境问题

随着工程活动的增加，其对自然环境产生的影响也随之增大，易造成环境污染、生态失衡等问题。“当前，随着城市化进程的加快，建筑工程施工大面积展开，粉尘污染指数大幅上升。空气污染、水污染、噪声污染及固体废弃物污染已经成为主要污染源。”②工程活动所引起的生态环境问题具体包括：其一，工程活动对生态圈造成的污染。人类在工程活动中，不重视环境保护，从而造成了大气、水资源、噪声污染，直接导致生态圈的破坏，不利于其他生物的生存与发展。作为工程活动的设计者与实施者，工程师保护生态环境是他们

---

① 张恒力、胡新和：《工程伦理学的路径选择》，《自然辩证法研究》2007 年第 9 期，第 48 页。

② 余婷婷：《建设工程扬尘污染治理的问题及对策》，《山西建筑》2020 年第 11 期，第 148 页。

必须承担的责任与义务。正如美国学者维西林所说的："工程师与其他职业不一样，其直接涉及环境保护，无论什么工程，工程师对环境负有特殊的责任。"①其二，工程活动引起的环境污染终将危害人类自身健康。在工程活动中，人类肆意排放废气、废水和废物，使有毒物质通过生态循环进入人体，对人体健康造成极大危害。人类工程活动造成的生态环境污染，会直接影响到人类的生命健康安全。

五、工程与公平问题

工程活动应遵循公平原则，其具体体现为：其一，工程活动中利益分配的公平。"在工程活动中出现的并不是无差别的统一的利益主体，而是存在利益差别(甚至利益冲突)的不同的利益主体。"②由于存在着利益分配的差异，因而在工程活动中必须遵循公正原则。工程活动中的权利与义务、利益与风险的公正分配，它表达着工程活动中利益分配的社会理想，用以衡量一项工程在协调各方面的利益关系、尊重和保障各方面的基本权利等方面所达到的水平，是评判工程活动中利益分配是否正当合理的基本尺度。③ 工程活动以协调利益为命题，综合考虑地区及人群等因素，使工程效益能得到最合理、最公正的分配。其二，工程行为的公平性。美国工程师协会伦理章程规定工程师应为公众提供公正平等的服务，以保护公众的健康、安全和福祉。④ 这旨在强调工程师在从事工程活动时，注重社会责任感，而传统的工程管理缺乏公众参与，影响公平性。为此，应坚持从实际出发，遵循科技发展规律，实现对公众、环境、生态、自然的公平对待。

---

① 维西林：《工程、技术与环境》，吴晓东、翁端译，清华大学出版社 2003 年版，第 148 页。

② 李伯聪：《工程伦理学的若干理论问题》，《哲学研究》2006 年第 4 期，第 98 页。

③ 朱海林：《技术伦理、利益伦理与责任伦理——工程伦理的三个基本维度》，《科学技术哲学研究》2010 年第 6 期，第 63 页。

④ [美]查尔斯・E. 哈里斯、迈克尔・S. 普里查德等：《工程伦理：概念和案例》，丛杭青、沈琪等译，北京理工大学出版社 2006 年版，第 298 页。

第二节 工程问题的社会选择

现代科技的进步推动着工程技术的发展，工程技术成果不断地转化为生产力，工程技术革命方兴未艾。然而，近百年来，工程技术问题也迫使人类进行理性的思考。今天，人们感受到工程技术的奇迹，同时也深刻地感受到伴随而来的种种危机和灾难，这些危机与灾难引起了国内工程界的广泛关注。在此背景下，人类可以采取舆论导向、政策调控、伦理治理、制度约束及伦理教育等多种手段，来应对工程引发的社会问题。

一、舆论导向

新媒体作为现代网络技术发展下新型的媒体形式，带来了信息获取与传递的便利。过去人们获取信息主要通过传统媒体，而传统的媒体一般处于一定的监管体系之下。而在新媒体时代，由于其即时性、便利性及简短性等特点，受到公众的欢迎，每个人都成为信息提供者，政府在对新媒体加强监管的同时，应充分利用新媒体和传统媒体各自的优势，加强舆论引导，实现工程伦理风险的公共监督。

第一，提升大众对工程的参与度和分辨能力，形成舆论导向。在科技发展过程中，人不是手段而是目的，创造“以人为本”的工程技术舆论导向对解决工程引发的社会问题有着重要作用，《“健康中国 2030”规划纲要》中指出，“要坚持以人民为中心的发展思想”去应对工业化不断发展带来的挑战。舆论对工程技术的发展可以起到监管作用，利用互联网的优势，使各类工程技术最新领域的突破和新工程的实施都处在舆论监管之下，引导社会各界能加入到工程问题的监管过程中去，避免政府监管的单一性，形成全民参与、各界合作监管的新格局，从根源上杜绝存在风险的工程的开展。加强工程技术伦理舆论导向，可以提高全民的责任意识和风险防范意识，提升公众监管能力。此外，通过舆论对社会大众的影响，反过来限制工程走向市场的程度，增加工程违规成本，从而在一定程度上规避企业的违规行为。

第二，对新媒体加强监管。以微博、微信、抖音等为主的各大新媒体平台，具有电视、广播、报刊等传统媒体所缺少的及时性、便利性等特点。每个人都能够将自己了解的新鲜事物发送到网络上与他人共享，借助网络平台的强大号召力，这些信息在仅仅经过系统后台简单审核的情况下就能够被成百上千万网友获取，而这些信息的真实性、有效性是存疑的，尤其是面对普通大众所不甚了解的大型工程问题时，网络谣言可能会影响工程活动的正常进行，对公众进行误导，不利于正常工程活动的开展。在新媒体逐渐深入人们生活之际，应加强对新媒体舆论监管的力度，避免公众被其误导。

第三，主流媒体也可以利用新媒体拓宽传播途径。主流媒体具有新媒体不具备的信息准确度，能够向公众传达第一手的经过核实的正确信息，有利于规避因信息不准确以及谣言造成的社会恐慌。在信息准确的前提下，公众才能正常对工程项目进行公共监督。主流媒体受制于传统媒介，会导致可传播范围的缩小和影响力的减弱，可通过新媒体传播主流媒体的内容，扩大信息受众，尤其是在年轻一代中的影响力，形成正确的舆论导向，树立标杆，促进工程领域形成良好的舆论环境，并加强风险监督。

二、政策调控

政府通过颁布政策可对工程活动起宏观调控作用。据广东省人民政府门户网站显示，2019 年，广东省发布了粤府〔2019〕1 号文——《广东省人民政府印发关于进一步促进科技创新若干政策措施的通知》，颁布了《关于进一步促进科技创新的若干政策措施》，提出应支持开展科研伦理和道德研究，不断完善相关规章制度，进一步强化科研伦理和道德的专家评估、审查、监督、调查处理和应急处置等工作。生命科学、医学、人工智能等前沿领域和对社会、环境具有潜在威胁的科研活动，应当在立项前实行科研伦理承诺制，对不签订科研伦理承诺书的项目不予立项。涉及人的生物医学科研和从事实验动物生产、使用的单位，应当按国家相关规定设立伦理委员会，增强科研伦理意识，履行管理主体责任，严格执行有关法律法规，遵循国际公认的科研伦理规范和生命伦理准则。随着新一轮科技革命的到来，技术的发展日新月异，政策的不作为或不及时更新将使技术的发展失去控制。工程技术是人类改造自然的力量和方法，其行为或是创造新的存在，或是改造现有的存在，新的存在带来新的关系，因此，工程技术在发展的过程中不可避免地伴随着风险的产生，需要通过政策引导，在宏观上引领工程技术的发展方向。

第一，政府需要组建跨学科的专家团，进行政策的制定和审查。今天，随着社会需求和科技的飞速发展，大的工程项目通常都不是某一个领域的问题，而是多学科、跨领域协同完成的，要求政策决策者了解每项技术本身以及它所可能带来的社会问题是不现实的，为此，需要组建一个多领域的专家团队，对国内外现有工程项目的实施情况及已经出现的社会问题进行考察，总结归纳出工程可能造成的风险，通过制定政策规避风险。

第二，政府需要对政策进行及时更新。现如今是科技大发展的时代，电子计算机、生命科学、纳米材料、人工智能和大数据等多个科技领域社会成果频出，产学研的转化效率加快，这意味着工程对社会的改造和影响速度也在加速，如果政策不能够及时针对新的技术发展方向进行引导，部分工程技术的发展势必会给社会带来问题。政府需要通过不断总结、归纳、预测工程技术风险存在的可能，通过不断完善和更新政策，从根本上引导工程技术的发展方向，引导其发展方向与社会发展需要相符合。

三、伦理治理

工程伦理问题是工程活动中面临的道德准则和价值导向问题，其涉及参与工程活动的各方面人员。现代工程活动已经不是由工程师个人及工人两方所能够完成的简单活动，而是涉及工程师、企业管理人员、投资方、政府部门及工程使用人等多方参与的“大工程”活动，其伦理治理也不仅仅是工程师本身的工程伦理风险意识的提高，而是涉及相关各方的协调，需要各方配合来完成伦理治理。

从政府的角度来看，主要是通过颁布相应政策条例、宣言准则，以制度的方式规范伦理审查程序，以保障安全以及公共利益为标准，听取工程技术专家以及伦理专家的意见，组织对现阶段工程问题的各种考察，进而规范工程活动，同时提升工程从业人员对工程伦理问题的关注度。

从企业及行业的角度来看，主要是提高企业自身风险的控制能力以及行业整体的发展导向，实现行业良性竞争，促使工程技术更好地服务于社会发展。企业作为工程实施的主体，首先需要提升风险意识和责任意识，避免为追求经济效益而忽视伦理风险。M. 邦格指出："大多数工程技术专家是有矛盾心理的，只有少数人本质上是恶的。但是，所有工程技术专家最终是受经营者或政治家控制，而不是由他们自己支配的……技术是工程技术专家所做的事，而他们的作为则是听人吩咐的。"①可见工程师作为企业"大机器"运行中的组成部分，是受到企业中管理人员的支配和命令的。行业作为企业的集合，承担把控市场整体发展的责任，企业在运行和寻求发展的过程中不可避免地受到资本的裹挟，为了追求利益最大化可能会忽视伦理风险问题，需要行业来进行监督和指导，制定行业内相互认可的价值规范，进行行业内部的监管和把控，促进业内良性竞争，实现整个行业的可持续发展。

针对工程师个体，提升工程伦理风险治理能力需要提升工程师本身的责任伦理意识，增强其风险的把控和选择能力，需要加强对工程师的伦理教育。工程师应当能够理解其工程所蕴含的价值意义和导向，运用合理的工程伦理范式对其进行把控和调整，自觉且独立反思工程伦理风险问题，在工程的开展之前寻求伦理风险的消解途径，促使工程技术与伦理价值融合统一，使工程技术更好地为人类造福。本章的第三节将对此问题进行阐述，这里不再赘述。

四、制度约束

加强制度约束是未来工程技术发展的必然选择。《中华人民共和国科学技术进步法》(2007 年修订)指出，"国家禁止危害国家安全、损害社会公共利益、危害人体健康、违反伦理道德的科学技术研究开发活动"，表明了国家对

① M. 邦格：《科学技术的价值判断与道德判断》，《哲学译丛》1993 年第 3 期，第 35~41 页。

工程技术发展与其可能引发的伦理问题的态度。从工程师个人而言，作为受公司企业或政府部门雇用的工作人员，具有达成工程任务目标，为企业争取更大经济效益的责任，同时，作为工程活动的主体和主要设计人员，也具有保障工程活动不侵犯或不过分侵犯公众利益的道德责任，两种责任天然的冲突以及工作中的任务目标使工程师难以确保工程符合伦理道德规范，为此，需要加强制度约束力度。

一是在公司企业或政府部门内部建立行之有效的工程评估制度。通过组建评估团队、设置评估流程和工程实践中的监管制度，在工程实施之前进行风险预测，规避和减少可能存在的风险，对于风险过大的项目予以否决，在保证企业发展目标的同时，避免工程伦理问题的出现，积极承担企业的社会责任，保证企业的可持续发展。

二是在行业内建立责任落实制度。明确工程师个体和项目方整体的责任划分，落实责任的主体和工程活动的主体的划分，帮助行业内各企事业单位和工作人员明确自身活动要求和责任，指导其在进行工程相关活动时有针对性地对可能出现风险的问题进行处理，促进整个行业健康发展。

三是确立工程师的教育培训制度，通过提升工程师的自身素质和对工程社会问题的重视程度，提升工程师对公共利益的关注度和工程素养。作为工程活动的主体之一，在“技术可行”时工程师的选择将成为控制工程项目风险的第一道屏障，因此，将教育写入工程师的职业培训和从业考核制度，不断完善教育的内容，提升工程师的风险意识势在必行。

五、伦理教育

强化工程伦理教育也是打造未来高素质工程技术人员所必不可少的环节。首先，从时代赋予的紧迫课题来看，随着当今工程技术的迅猛发展，人类控制自然和改造自然的能力空前强大。工程技术的发展在一定程度上具有全局性的影响力，工程教育目标就是要让工程技术人员具有正确的工程观。现代工程伦理教育能有效地遏制片面追求经济利益的行为。20 世纪 70 年代后期，美国率先开展工程伦理教育的研究，随后，西方工业发达国家相继进行工程伦理教育的研究。其次，从教育本身的要求来看，联合国教科文组织提出，学会认知、学会做事、学会共同生活、学会做人是现代人才的基本要求，而培养适应社会发展的人才正是教育所必须应对的重大课题，也是教育必然的使命。工程教育涉及多种学科的相互交叉与融合，在学习工程专业知识的同时还应接受在工程设计、实施、评估和验收中所应遵循的道德原则和规范，提高工程技术人员处理各种问题的能力，明辨是非。

工程教育对培养合格的工程技术人员意义重大，为此，在工程教育中必须加强工程伦理教育，具体从以下方面进行：

第一，提高工程伦理素质。加强工程伦理教育成为一种实践，工程伦理教育者必须具有高度的社会责任感，具有问题意识。为此，应充分利用教学资源，开办教育研讨班，改进思维方式，把自身的发展要求与社会历史、自然发展有机地统一起来。在教学过程中，要特别重视情感与意志的作用，以充分调动学生主动学习与探究的积极性。

第二，加强相关课程建设与教学渗透。以相关课程为有效阵地，实现系统的工程伦理教育。如美国的得克萨斯农机大学、MIT 等院校都具有工程伦理的完整课程，这些课程几乎涵盖工程伦理的各个方面。现代工程伦理观实际上已成为一种文化影响支配着学生，所以，工程伦理教育要加强工程教育与人文社会科学的交叉渗透，实现工程教育的转型。在具体的教育过程中，一方面，应将工程伦理观教育的内容补充到相应课程中；另一方面，应在专业教学中体现工程伦理观教育的目标。另外，教育者在实际教育中要改进方法，改革传统的“填鸭式”与“注入式”的教学模式，实现体验式教学与参与式教学相结合。

第三，强化实践的培养。应将工程技术人员投入到工程实践中，在产学合作的实践培养中提高他们的伦理品质。要让他们有机会参与工程活动中，通过举办学术沙龙等各种活动探讨学科前沿问题，创造条件让他们领悟工程活动中蕴含着的时代价值观。此外，要把教学的考核与实践紧密地联系在一起，通过加强实践考核充分调动工程人员的主观能动性，以大大加深他们对工程技术问题的认识与理解。同时，还应强化实践教学的教育功能，不断拓展工程伦理教育的途径。

第三节　工程伦理风险与工程师伦理责任

工程师是工程活动的推动者和实践者，其在工程设计与风险评估阶段的专业技术支持、工程实施阶段的具体操作与监督、工程结束阶段的验收与评估等对工程建设全过程具备强烈指向作用，能有效地促进工程伦理问题的解决及其风险防范。因而，在工程伦理风险愈演愈烈的当今时代，工程师伦理责任的落实显得尤其重要。

一、工程伦理风险呼唤工程师的伦理责任

现代社会是一个风险社会，工程作为现代社会中浩大的人类实践活动，存在着一定的风险。然而，工程风险不只是工程问题，也是伦理问题。作为人类根据自身主观需求能动地改造物质世界的活动，工程活动全过程内在地具有伦理的意蕴。工程师是工程活动全过程的直接参与者和核心，是工程伦理责任的主要承担者，因而工程师伦理责任的落实是降低工程伦理风险的应然要求。

(一)工程风险有深刻的伦理蕴涵

工程最初被认为是为人类的生产与生活服务的，其本身就是服务于社会与公众利益的，并不存在伦理问题。但是近代以来，随着工程活动日益复杂化，工程师职业日益专业化，工程利益团体冲突日益剧烈化，以及工程活动的后果日益严重化，工程活动蕴涵的伦理风险也逐渐凸显出来。工程是人类按主观需求和意愿能动地改造物质世界的活动，其目的在于提升人们的生活质量及获取经济效益。然而“工程活动具有风险以及超出预期目的之外的附带效果，显示工程具有深刻的伦理含义”,① 工程活动及其伦理问题越来越显现出对人类社

① 李世新:《开展工程伦理学研究，增强工程师责任意识》,《中国工程科学》2004 年第 2 期，第 90 页。

会和自然环境长远而深刻的影响。工程活动“直接决定着人们的生存状况，长远地影响着自然环境，这是工程活动的意义所在，也是它必须受到伦理评价和导引的根据”。① 工程活动在设计之初就包含有一定的主观期望和需求，在实现过程中又包含着方法路径的抉择，包含着多方团体的利益博弈，并且在工程活动结束之后，又包含着工程活动的社会后果和生态后果。可以说，整个工程实践都有着深刻的伦理蕴涵，凸显出工程师的伦理责任问题。

(二)工程师是工程风险伦理责任的主要承担者

工程师直接参与了工程活动的全过程，对调控工程伦理风险发挥着关键性的作用。国内外各界人士对于工程中的伦理问题有一个共识，即工程伦理的核心问题之一，就是工程活动中主体的责任。②

工程活动的主体是相对于工程活动的客体即工程对象、劳动资料等而言的，主要包括工程师、决策者及技术工作人员等。工程师作为工程活动中专业的人员，其在工程活动全过程中的行为与选择直接决定工程活动的实践方向。工程师“具有的专业知识，使他们处于监测项目、识别风险以及为客户和公众提供合理决策所需的信息等的独特位置上”。③ 工程师的这一独特身份决定了其肩负的巨大责任。工程师决定着工程设计的技术方案、风险识别、风险调控，决定着工程实施的技术选择、方法路径抉择，决定着施工流程、技术标准，影响着工程利益团体的多方博弈，又负有工程验收的审核权力，甚至一定意义上还是工程结束后最有可能识别其潜在风险的工程活动主体，工程师必须承担起工程活动的深远社会后果、生态后果和技术后果的伦理责任。

长期以来，工程师应该承担哪些伦理责任的问题并未得到厘清。传统观点认为工程师的伦理责任就是做好本职工作，在古代工程师“只需要承担角色责

---

① 朱葆伟：《工程活动的伦理问题》，《哲学动态》2006 年第 9 期，第 37 页。

② 陈爱华：《工程的伦理本质解读》，《武汉科技大学学报》2011 年第 10 期，第 506 页。

③ Mike Martin. *Ethics in Engineering*[M]. Boston：McGraw Hill Press，2005：141.

任，无所谓伦理责任”,① 也就是仅强调工程师的职业伦理。然而，在现代工程伦理风险视阈下，现代工程伦理风险的内涵因高新技术的使用和大型工程团体的成立而大大延伸，工程师作为高新科技的使用者和大型工程团体的核心成员，其应负伦理责任的内涵也应该得到相应的拓展。“过去，工程伦理学主要关心是否把工作做好了，而今天是考虑我们是否做了好的工作。”②这凸显了工程活动主体伦理责任的转变，展现了职业责任向伦理责任发展的过程。对工程师来说，伦理责任不等于职业责任，分辨这二者的区别对于理解现代风险视域下工程师伦理责任的内涵有着重要的意义。工程师的职业责任是指工程师在履行本职工作时应当承担的角色责任，是对工程师在工程活动中的角色要求，职业责任的主要意义是促进工程师将工程活动完成，“科学活动以发现为核心，技术活动以发明为核心，工程活动以建造为核心”,③ 工程师的职业责任仅要求他们建造高质量高效益的工程项目、掌握更有效的工程技术、忠诚于雇主等，但工程师伦理责任的范畴远不止于此。工程师除了关注从事职业活动中的规范以外，还应积极关注工程产品的社会后果、生态后果，以及技术运用和技术转移的后果，即工程师的伦理责任应该包含职业伦理责任、社会伦理责任、生态伦理责任和技术伦理责任等。

(三)工程师伦理责任落实是工程伦理风险消解的保证

工程师因其具有的专业知识、技术及其在工程团体中所处的独特位置，而对工程活动的实践方向发挥着巨大的影响力，是最能够调控工程伦理风险的工程活动的主体。工程师伦理责任的落实是降低工程伦理风险的应然要求。

① 毛天虹:《我国工程“职业化”研究——基于宏观工程伦理视角》,《自然辩证法研究》2013年第1期，第49页。

② [美]卡尔·米切姆:《技术哲学概论》，殷登祥译，天津科学技术出版社1996年版，第86页。

③ 李伯聪:《关于工程伦理学的对象和范围的几个问题——三谈关于工程伦理学的若干问题》,《伦理学研究》2006年第11期，第25页。

1. 工程活动全过程的工程伦理风险调控，要求工程师落实伦理责任

在工程设计阶段，工程师运用专业知识，设计工程建设方案，识别工程伦理风险，论证决策者宏观构想的可行性，并能运用一定的技术呈现工程蕴涵的伦理风险，为进行工程决策提供重要的依据，能促使更符合工程伦理规范的方案通过最终决议而得到执行。在工程实施阶段，工程师将工程决策的宏观构想运用技术手段分解为操作化的施工步骤，整合施工资源，决定施工流程，保证施工安全、规范、有序进行。在工程结束阶段，工程师对整个工程项目的建设过程、建造质量、使用局限、潜在风险等进行整体的评估，能通过技术手段一定程度上事后弥补工程产品的缺陷，亦能告知公众工程产品潜在的风险，从而降低工程活动的伦理风险。总之，工程师积极参与工程活动的全过程，对于降低工程伦理风险具有重要的意义。

2. 工程活动相关各主体间利益冲突的缓解，要求工程师落实伦理责任

各主体间的利益冲突是工程伦理风险形成的催化剂，因而，公正地处理各主体间利益冲突是处理工程伦理问题的必然要求。工程师在工程团体中具有特殊地位，能够在一定程度上缓解各主体间的利益冲突，进而有效地调控工程伦理风险。首先，工程师直接制定具体的工程规划、施工方案，在将工程决策转化为具体工程活动的过程中，能够运用其专业能力和技术地位，尽可能选择对公众生命安全和身心健康损害最小的实践方案，从而缓解企业和公众的利益冲突。其次，工程师掌握着专业知识和工程经验，能够弥补工程项目委托代理关系中的信息不对称，从而促进工程项目中各种关系的整合，缓解工程团体内部的利益冲突。① 最后，工程师作为工程决策的执行者和施工方案的制定者，能够在制定具体施工方案时更加注重施工人员的生命安全和工作环境，缓解工程决策者和施工者之间的利益冲突。总之，工程师伦理责任的落实，能够协调工程各主体关系，降低工程伦理风险。

① 参见安鹏君：《风险社会视阈下的中国当代工程伦理研究》，《西南农业大学学报(社会科学版)》2012 年第 1 期，第 61 页。

二、工程师伦理责任的缺失

工程师伦理责任的落实是调控工程伦理风险的应然要求，然而，长期以来，我国工程实践活动中工程师的伦理责任缺失严重，存在目标定位困难、内容存在缺失、行为出现异化倾向等问题，从而阻碍了工程师伦理责任的落实。

（一）伦理责任目标定位偏离

工程伦理责任目标是对工程伦理责任范围、工程主体道德追求的定位，也是落实伦理责任的首要问题。工程师缺乏对伦理责任的认知条件，也缺乏遵守伦理规范的情感支持和意志保证，导致伦理责任目标定位的偏离。由于普遍缺乏对伦理责任目标的准确定位，工程师伦理责任的落实相对困难。

1. 伦理责任目标定位滞后

随着工程技术的进步和工程规模的扩大，工程活动不断创造出新的产品，或者赋予某些物品过去没有的属性及功能，这导致风险的内涵和外延扩大，也导致其自身伦理责任范围的扩大。然而，工程师在目标上缺乏对伦理风险及其伦理责任新考量，导致工程师客观上对风险及其伦理责任的认知不足。

2. 伦理责任目标指向偏差

工程师过于倾向积极地看待技术本身和社会本身，从客观的角度来审视技术及社会本身蕴涵的伦理指向。“长期以来，工程师把自己的职业工作看做自然科学的应用，把工程技术理解为是达到目的的工具和手段，并且认为工程技术本身及发展是完全自主性的”,① 然而“技术在伦理上绝不是中性的”,② 技术使用、转移过程的不当有可能引致恶性后果严重的技术诞生；社会组成也不一定都是中性的，社会运转不良也可能导致群体迷失。

3. 伦理责任目标标准不够

---

① 龙翔：《浅析工程师伦理责任缺失的认识论根源》，《自然辩证法研究》2010 年第 2 期，第 56 页。

② ［德］拉普：《技术哲学导论》，刘武译，辽宁科学技术出版社 1986 年版，第 20 页。

工程师虽然具有调控伦理风险的主观意愿却不能准确识别和有效降低伦理风险。他们主观上认识到风险和伦理责任的重要性，但在工程实践中很难将识别的伦理风险和应承担的伦理责任上升到理论高度，缺乏准确的目标定位，尚未形成有效识别伦理风险的标准，难以准确把握伦理责任的核心要义，这在客观上影响工程师调控伦理风险的成效。

4. 伦理责任目标情感支持不够

工程师作为工程项目的核心成员，受到外界的诸多干扰。工程师由于缺乏遵守伦理责任的坚定意志和尊重伦理责任规范的信念，往往容易深陷其中难以自拔。另外，工程师缺乏伦理责任目标的情感支持。工程师虽然对工程活动中违反社会生活规范和传统伦理道德的行为感到羞耻与不安，但却很少因为违背工程伦理规范而具备同样强度的情绪体验，并且工程师因遵守社会伦理规范而体验到的道德感、归属感，也难以在工程伦理领域得到体验。

(二)伦理责任的内容缺失

工程伦理责任的内容应该全面涵盖职业伦理责任、社会伦理责任、生态伦理责任和技术伦理责任。然而，工程师在工程实践中由于缺乏准确的目标定位，在承担伦理责任中存在内容缺失，主要表现为以下几个方面。

第一，对工程活动本身伦理关系的关注不够。工程伦理责任不仅是工程师的伦理责任，还应该包括投资者、决策者、管理者、代理人以及工人等其他主体的伦理责任；也不仅仅包含工程建造及其后果的伦理关系，还包含行业伦理、地区关系伦理、工程政策伦理、工程管理伦理等工程活动相关伦理。然而当前工程师对相关伦理责任及其关系普遍缺乏了解，对不同伦理责任的内涵、层次、优先级等方面认识不足，以致在工程实践中不能妥善处理好伦理责任主体之间的冲突，导致与其他主体调控伦理风险的协同效应难以实现。

第二，对工程的社会后果关注不够。工程活动的后果关涉社会生活各方面，并随着社会发展不断增添新的内容。这就要求工程师不仅要重视工程的社会后果，还需要关注工程对不断变化发展的社会的后果。因而，工程师在工程设计阶段更应重视工程项目的长远后果，尽可能地适应社会历史条件的变化。

第三，对工程的自然责任重视不够。一些旧有的传统伦理观点仍固执地被部分工程师持有，导致工程伦理领域一些不合时宜的理论观点盛行。例如持有“人类中心主义”观点的工程师认为，工程活动没有对除人类以外任何其他事物的直接伦理责任，因而对除人类以外的自然界的福祉未给予足够的重视，导致其在工程设计、工程伦理抉择的过程中，倾向于重视人类福祉而忽略生态保护。

第四，对工程技术应用的伦理后果关注不够。技术是人类在对客观规律认识的基础上创造出的改造物质世界的手段，人类认识的局限性导致技术应用存在一定的风险。工程实践包含众多技术环节，技术虽然其风险被控制在一定范围，但整体上一系列技术环节的风险累加，可能引致伦理风险。因而，工程师除了关注单个技术本身的风险，还应对技术与技术之间的风险关联有足够的重视。此外，部分技术的应用可能引起后人的大规模仿效，而产生新的伦理风险。

（三）伦理责任行为异化

工程师伦理责任目标定位不准确、内容存在缺失，引致其工程实践行为异化，最终导致其伦理抉择和行动的失控，主要表现为以下几种现象。

1. 伦理抉择中工程师执行行为的异化

工程师承担着不同的角色：在企业或机构面前是雇员，在工程决策者面前是宏观工程规划的执行者，在施工人员面前是工程方案的制定者，在同行面前是竞争者与合作者，在社会大众面前是工程领域的专家。虽然这些角色关系都是工程实践中的重要互动关系，理论上都应给予足够的重视，但是企业和工程决策者却因能直接影响工程师的职业生涯而最能影响工程师的行为。“当两种标准处于实质性冲突时，管理标准不应该超过工程标准，尤其是在事关安全，甚至是质量的问题上。”①工程师因处于不平等的雇佣关系中，其行为受到企业和上级工程决策者的严重掣肘，由于缺乏保护，工程师在伦理抉择中更易屈从，放任管理标准凌驾于工程标准之上，导致公众利益受到侵害。

① Charles E Harris. *Engineering Elhics Concepts and Cases Wadsworlh* [M]. Thamson Learning，2005：191.

2. 工程管理行为的异化

工程师作为上级工程决策者和下级施工人员的沟通桥梁，负责把宏观工程规划用设计图纸、施工步骤、技术标准、安全规范等方式转化为施工人员能够执行的具体计划。一方面，工程师在制订这些具体计划时，对于施工人员提出的异议置之不理，导致潜在的风险被忽略。另一方面，工程师制订相关标准与计划时，未充分考虑施工队伍的素质和施工环境的实际情况，导致施工人员难以达成既定标准甚至因此而威胁生命健康。

3. 同行工程师合作行为的异化

同行评议在工程决策、工程师评价、工程技术论证等方面发挥着重要作用，直接关系着工程领域的发展方向，因而也是伦理责任缺失的高危之地。在同行评议的过程中，工程师的相互联合、暗箱操作行为，能够为企业攫取不当经济利益大开方便之门，严重违背同行评议公平、公正、公开的内在要求，影响工程领域的健康发展。

4. 工程揭发行为异化

由于工程师的专业地位及工作性质的特殊性，他们往往和工程决策者最先了解到工程潜在的风险、工程产品的缺陷、施工方式的安全隐患等信息。一般认为，在工程活动已经出现决策失误，或潜在的风险已经得到确认时，工程师有履行对公众进行告知风险的义务。但在实际的工程实践中，揭发者对“已经决策失误”“具有危害公众福祉的潜在风险”等标准的认识和判断多基于自身的工程经验和技术能力，客观性尚显不足。部分工程师甚至在同行反对、决策者否决、公众不支持、下属不配合等情况下依然坚持不揭发，这种不良行为不仅会损害正常的工程秩序，还会掩蔽揭发行为，不利于工程领域的良性发展。

三、切实提高工程师伦理责任

工程师伦理责任的落实是工程伦理研究的关键问题。工程师伦理责任的落实应该遵循以下几个原则。

（一）主动提升伦理责任意识

其一，工程师应主动察觉及破除认知障碍。随着工程伦理学在实践中得以发展和完善，工程师的伦理责任也得以完成由单纯的职业责任至集成职业伦理责任、社会伦理责任、生态伦理责任、技术伦理责任等四位一体责任体系的转向。其间，工程伦理观经过了一次次的更新换代，旧有的"人类中心主义""有限责任"等观念已不再适宜当前的工程伦理土壤，然而，某些伦理观念已成为工程师头脑中根深蒂固的行动标准，阻碍工程师适应新的伦理环境。因而工程师应主动察觉并破除认知障碍，及时完成伦理观念的更新换代，积极制定既不滞后于时代发展又不偏离风险本质的伦理责任目标。

其二，工程师还需要主动提高对伦理责任认识的理论深度，积极加深对相关伦理问题理论理解的深度，为不断审视目标定位构建理论基础。一方面，风险不可能完全消除，工程师要进一步加深对风险和风险允许范围的理解；另一方面，技术和社会不一定都是合理的，工程师要进一步加深对合适的技术及合理的社会的理解。工程师对这两个方面深度的理论认识，能够帮助澄清工程活动中潜在的风险是否在允许的范围内、对技术和社会的影响程度和后果是否合理等一系列问题，从而构建准确有效的工程伦理责任目标，使工程伦理责任在实践中得到落实。

其三，工程师应积极吸收国外先进经验，主动深化对工程伦理责任的认识，积极形成适宜中国国情的工程伦理体系。部分发达国家的工程伦理基础理论水平高，它们不仅理论基础雄厚，还代表了工程伦理理论最前沿的发展方向，因此，这些国家的工程师对工程伦理问题的应对方式值得我国工程师学习与探讨。我国工程师应在积极吸收其工程伦理理论成果的基础上，积极与中国特殊国情相结合，形成适应中国工程环境的伦理责任评判标准，使工程师伦理责任的落实有所依据。

（二）积极参与全过程全方位的伦理风险调控

工程师作为技术专家，是工程活动的设计者、执行者、风险调控者，在参与工程的全过程中运用其专业知识预防与识别可能存在的伦理风险，并能调节各主体之间的利益关系，因而工程师应合理约束自身行为。工程师在工程活动的全过程都因其特殊地位而能起到调控伦理风险的作用，因而积极参与工程活动全过程是落实工程师伦理责任的必要条件。在工程的设计阶段，工程师是规划与设计的主体，也是风险评估的主体。由于工程活动的高度专业性，外行很难了解工程风险的所在之处，这就需要工程师具备高度的风险敏感性与责任心，通过合理的规划与设计，将工程风险控制在一定的范围内。工程方案最终得以执行取决于工程决策者，因而工程师应在保证每个备选方案都达到最底限伦理要求的前提下，尽量争取更符合公众利益的方案得以通过。在工程的实施阶段，工程师是施工过程的策划者、监督者，工程师需要在工程实施过程中严格执行技术标准。在工程实施过程中，既定工程方案常因实际条件需要更改，工程师应积极听取施工人员的意见和建议，避免盲目自信，在重新整体审视工程活动伦理风险的基础上，积极参考同类型成功案例，力争使用伦理风险更少的替代方案。在工程的验收阶段，工程师应当保持严谨的态度，正确评估工程结果是否符合最初的设计理念，是否达到了工程目标以及工程建造物质量是否符合技术标准等。另外，工程师还应积极调节各工程活动主体之间的利益冲突，促进各主体之间合理关系的回归。

(三)注重自我保护

在自身受到一定的保护、自身利益损失在可预期的限度内的情况下，工程师应敢于在伦理困境中坚持有利于社会公众、生态和谐的选择。国内工程伦理问题产生的重要原因之一，就是工程师缺乏应有的保护，在工程管理者决定实施偷工减料或者工程风险大等工程活动时，工程师往往为了维护自身的基本利益而做出违背工程伦理规范的选择。因而，工程师应在保证自身生存利益的前提下，积极调控伦理风险。具体而言，第一，工程师要遵守公众损失最小原则。一方面，在伦理抉择中，工程师实在无法抗击时，应选择对公众损失最小的方案；另一方面，在面对工程职业经理人施压时，尽力保证提供的多个方案都符合最低限度的工程伦理规范。第二，主动争取自我保护的环境。一方面，工程师应积极促进相关技术标准、伦理界限的制定与出台，积极推进相关法律法规的完善；另一方面，积极促成规范的伦理风险公开渠道，积极联合工程师共同应对伦理困境。

（四）坚持自律与他律相结合

工程师伦理责任的落实不应只是工程师的责任，而应是全社会共同影响的结果。工程师伦理责任的落实，除了其自身积极自律以外，还应积极将自身置于他律的环境中，即争取自律与他律相结合。

其一，工程师应积极争取自律。工程师一方面要积极提升工程伦理责任意识，主动识别与破除认知障碍，积极深化对风险后果和伦理责任的理解，提高对伦理责任认识的理论深度，扩大对其他领域伦理责任认识的广度，并端正态度，增强情感体验，坚定意志；另一方面，要严格约束自身行为，处理好与上级、下属和同行之间的各种关系，努力使自己的行为符合伦理规范。

其二，工程师应积极营造有效的他律环境。一是积极将自身置于他律的环境之中，积极接受监督，积极配合有关部门的审查；二是主动营造“善”的环境，主动协助有关部门推进工程伦理监督机制的完善，积极运用专业知识和工程经验，协助有关部门推进工程法规的完善，制定出操作化、程序化、科学化的工程伦理规范，创设工程伦理的制度环境；工程师应积极争取伦理责任落实效果与经济奖励、荣誉奖励挂钩机制的构建，争取有利于自身伦理抉择激励机制的构建。

第六章　网络技术发展的社会诉求

随着网络技术的飞速发展，网络化生存逐渐成为人们生活的另一种状态，网络在带来便捷的同时，也带来了种种社会危机，例如网络诈骗、网络谣言、网络个人信息泄露等。因此，在此背景下进行网络社会学的建构就显得尤为必要。网络社会学的兴起和面对问题的多样性引发了一系列的争论，必须回应这些争论。这些争论包括，网络社会中的行为是否具有和现实世界中一样的意义，网络社会成员是否应当遵守和现实世界一样的行为规范。网络社会中的规范是外加设置的规则还是由网络成员自发建立的规则。对网络行为的解释，何者更有权威性，是行为实施者还是研究者？网络技术的快速发展并不能解决这些问题，需要将技术层面与社会规范层面统一起来才能实现网络社会学的构建。

第一节　网络技术与网络社会

一、网络及网络社会

网络技术的兴起促成了网络社会的诞生，网络技术出现之后，一种新的沟通手段，即通过网络进行沟通出现了，这为人类社会提供了另一种存在——网络式的存在。网络技术的发展经历了从 2G、3G、4G 到 5G 的变革。网络的广泛使用发展到今天已经成为人们的一种基本生活方式。

(一)虚拟空间

网络常常被称作虚拟空间，与现实世界相对应而存在，即现实世界是真实的，而网络世界是虚拟的。曼纽尔·卡斯特尔认为："关于赛博空间，我更习惯叫它因特网，或者网络(network)，但都一样。"①网络社会这个概念是否成立是很有疑问的，第一，网络社会能否独立存在，即网络社会能否脱离现实而存在。以目前技术来看，网络社会必须依赖于现实社会而存在，它不过是现实社会交往方式的一种延伸，如果没有现实社会中的人们，网络社会中的行为将不再具有意义。网络更多地是一种手段，而非某种实体性的东西。第二，网络社会是不是在隐喻意义上使用的语词，即网络社会只是某种类比，即在具有社会性这一点上，网络世界只是对现实世界的模仿。第三，网络社会与现实社会共同具有的社会性指的是什么，它主要是指社会成员形成一个共同体，社会成员具有共同的接受的交往规则。

(二)网络社会发展的三个阶段

网络社会的发展，大体经过了三个阶段。第一阶段，网络化阶段，即用户登入互联网，在互联网中寻找另一种虚拟的存在。今天网络发展的所处阶段可以说属于第二阶段，即网络工具化阶段。在这一阶段，用户简单地把网络看做一个工具，取得所需的功能。未来可能会发展至第三阶段，即物联网和人工智能阶段，也就是说所有事物均接入互联网，同时出现人工智能机器人。物联网的实现，这意味着网络不再外在于现实，而成为现实的一种属性，万事万物皆在网络之中，现实中人与事物、人与网络之间的互动也同时发生在网络中，并且在大数据技术背景下，任何行为互动和结果都会被采集记录下来，并加以利用。"大数据革命是科学技术发展过程中的必然走向，与其说大数据技术推动了科学技术的发展，不如说是科学技术发展到一定程度的结果。科学技术的基

① 曼纽尔·卡斯特尔：《网络社会与传播力》，《全球传播学刊》2019年第2期，第76页。

础与大数据技术的产生互为因果，也成为网络社会演化的技术动力。”①在人工智能方面，由于网络的互动已经无法与现实的互动完全割裂开来，这样就出现了可以以虚拟身份存在于网络中的人，这些人不再是像今天的类似于电话客服一样的工具人，而是具有智能甚至情感的网络人。所有这一切的实现，均依赖于网络技术、人工智能的进一步发展，特别是5G乃至6G，以及物联网技术的发展。

（三）网络技术对社会的影响

从新兴技术与社会的关系角度看，网络技术是人类的一项重要发明，在今天越来越占据重要的地位，它同人类社会的相关活动存在着积极的影响。第一，网络技术的发展对经济活动产生了重要的影响。这主要表现在对金融业，特别是银行业、证券业的影响。同时网络技术的发展也带动了经济的发展。例如，美国1991年至2000年新经济时期的经济快速增长主要就来自网络技术的发展以及与之配套的产业。电子商务的发展，也加快了经济全球化的进程。网络技术的发展使得跨国公司的管理和协调可以便捷地在网络上进行，加快了跨国公司的发展。第二，网络技术的发展对军事活动也产生了重要的影响，信息战、网络战成为常规的作战项目。第三，网络技术的发展对教育活动产生了重要的影响，远程教育、多媒体教育成为可能。第四，网络技术对思想文化活动产生了重要的影响。网络文化成为一种独特的亚文化，其主要特点是先锋性、草根性及快速传播性。

二、网络社会的形成及特点

（一）网络社会的形成

网络社会实际上是有别于现实社会而形成的虚拟的社会形态，它会把一部

① 唐魁玉、张旭：《网络社会质量的数据化基础——从小数据到大数据的网络社会演进》，《自然辩证法研究》2018年第8期，第121页。

分现实社会的规范投射到网络社会中，但是网络社会中是否形成了统一的规范，答案是存疑的。网络社会也像现实世界一样，分成一个又一个的小社会。虽然在网络底层的硬件层面，汇编语言、应用软件基于共同的技术规范，但是在技术层面之上，却是由每一个网络成员自行缔结而形成的微型社会。网络社会与现实社会相比它的规模往往比较小，在现实世界中一个国家或者一个地区往往形成一个大的社会，而在网络中，某个网站或者某个论坛往往只有几百人、几千人，多则也只有几万人或几十万人。当然有读者可能会指出像 Facebook 这样的网络社交网站拥有人数过亿，但是我们要看到它只是现实社会关系在网络上的投射，假如没有现实社会中的诸种社会关系，Facebook 这样的网络社交网站就不会存在。这里所说的微型网络社会指的是网络中基于某种共同的兴趣爱好，比如游戏、音乐、电影、小说而建立的网络组织，一般表现为群组、论坛、朋友圈等。这样的网络微型社会是基于什么样的规范呢？首先，这样的微型网络社会往往是由某个人或者某几个人发起而成立的，这一个或者这几个创始人往往就是早期基本规范的制定者。微型社会的主题往往显示在群组、论坛或朋友圈的名称之中，围绕着某一个共同兴趣而展开。微型社会组织在网络中普遍出现的理由无外乎以下几点：首先微型社会的共同兴趣可能本身就是网络中才有的事物，比如一款网络游戏，因此在其中建立一个网络社会就是很自然的事情。其次，微型社会的成员在现实世界中可能处于不同的地方，而在网络中他们可以聚集在一起形成一个共同体，网络给他们提供了便利。在这样的微型网络社会中，规范是如何得以保持的呢？假如在网络中有成员不遵守规范，那么其他成员可能会提出批评，甚至可以利用网络中的规则，比如创始人或管理员可以将其禁言乃至将他踢出共同体。网络社会中的这种管理规则相对于现实世界来说，它的规则比较简明，更多是基于网络中现有的规则，或者共同体成员之间的约定。比如，某论坛中将用户发言是否引起多数人的反感作为判断标准，同时言明在发帖时所包含的恶意越大，发帖者所受到的处罚就越严重。这里所说的管理主要针对的是网络社会的普通成员，对于网络黑客这种技术层面的行为，攻击他人网站、窃取用户信息等行为实际上已经触犯了现实世界的法律，黑客的网络行为实施虽然是在网络中，但是产生的效果却是在现实中。

（二）网络社会的特点

网络社会的发展呈现出“去中心化”的趋势。在20世纪90年代之前的Web 1.0时代，服务端、门户网站一直占据着主导地位。2000年后网络逐步发展到Web 2.0和Web 3.0时代，客户端、个人用户向服务端和门户网站的地位提出挑战并试图取而代之。在Web 3.0时代，网络社会越来越清楚地表现出以个人用户为结点的“去中心化”形态，网络社会正在回归早期的共享与社交的目标，然而却是以一种用户自我展现、缺乏互动的方式进行的。当我们回顾互联网的发展时，我们看到的是中心消失了，但是用户与用户之间的互动却没有变得更加频繁，而是以自我展现为主。移动互联网崛起之后，我们越来越明显地看到，网络社会实际上成为整个现实世界的一部分，尽管它有其独立性，但是在不同的用户手中呈现出不同的功能。就其本身而言，网络社会不仅可以由某一个用户创立，而且也可以为某一个功能而创立。“去中心化”导致的必然结果是“多元化”，不同的兴趣爱好形成了不同的社群，而这些大大小小、形态各异的社群互相交织而组成了松散而庞大的网络社会。自媒体的出现更是加剧了这一趋势，自媒体意味着每个个体都可以成为新闻发布者，似乎人人皆可具有传统新闻机构的地位。

网络社会信息传播的特点是即时性和互动性，同以往的延迟性和单向性相对应。传统非网络媒体有两个缺点：一个是内容需要经过采集、加工、排版、印刷等一系列步骤才能到达读者手中，广播电视的录制和播出也存在着延迟，听众和观众也会受到收听或观看时间和地点的限制。另一个是信息传播是单向的，不能形成有效的互动，读者、听众和观众的意见很难快速反馈到信息发布者手里。网络社会的信息传播形成了具有即时性和互动性的信息传播模式。网络信息可以即时发布，网络评论可以即时转达，网络用户之间可以即时互动，信息共享。网络成员之间的互动是如何形成网络社会的呢？社会是基于一定规范聚集在一起的人群而形成的组织，它的存在基于社会共同体所认可的规范。假使这一共同体中某一成员不遵循共同体的某一个规范，他就可能会受到共同体的其他成员的指责或惩罚。假使某一成员完全不遵循共同体的任何一条规范，那么这一成员可能根本就不会被认可为共同体的一分子。所以说，社会的形成有赖于社会成员对共同体的规范的遵循。这就是为什么精神病患者或者极端反社会者，一般不被认可为社会的成员，他们要么无须承担行为的法律后果，要么被共同体严加管束或加以重罚。

第二节　网络社会危机与网络社会行为

一、网络身份的虚拟性

网络社会危机主要体现在网络身份的虚拟性和变动性上，这使得网络社会变得极其脆弱。网络身份的虚拟性使得利用网络身份欺骗成为可能。网络身份的虚拟性，也使得有些人误以为网络是法外之地，肆意发表或散播危害社会的言论。另外，网络身份的虚拟性和变动性也使得网络社会关系难以长时间得到维系。例如，某个人可以通过变换网络 ID，或者更改网络社区的方式改变身份，切断之前的网络关系，进行新的危害网络或现实世界的行为。除此之外，可能出现的情况还有，某人由于长时间未登录网络，导致与其相关的网络关系慢慢消散乃至终结。与之相应的，我们也可以看看现实社会中的情况，现实社会由于有更健全的机制，使得每个人的身份得以固定，例如通过社会共同体的认可，技术上的手段有身份编号，或者指纹，乃至长相特征等确认身份，因此具有较强的识别性和稳定性。同样，现实社会中社会关系的维系也需要时间成本，如果有人长时间不从事维系社会关系的行为，那么也将导致其社会关系的淡化或遗忘。

(一)虚拟身份的产生

从网络社会发展历史来看，网络身份诞生之日起就具有多种隐匿性。人们习惯上认为网络身份是由使用者创造出来的，并把这作为网络身份的来源，但是网络身份还有许多其他的来源，正如在虚拟世界中所表现出来的那样，网络身份有时是偶然产生出来的。实际上，使用者最初想拥有网络身份时，系统会要求用户注册账户，设置密码，如果是网络游戏，可能会要求在账号的基础上创建人物并命名，选择职业，这种情况更接近于日常意义上所理解的虚拟人物的身份。虚拟身份并不等同于网名，网络身份所代表的是通过名字辨识出来的个体，而不仅仅是一个网名。网名在网络中包含了大量任意命名的名字，其中有许多不常使用甚至废弃的用户名，这些名字无法找到与之相统一的个体，不能算作虚拟身份。虚拟身份的重要性是不言而喻的。在虚拟身份得到明确规定之后，相对的网名就只是普通的标签，不适合作为网络社会学理论的重要概念。虚拟身份既受到现实世界的影响，又呈现出虚拟世界的特点。电影《黑客帝国》演示了人物如何在矩阵世界和现实世界中来回切换，形象地诠释了虚拟身份和现实世界的关系。小说《第一次亲密接触》则描写了20世纪90年代用虚拟身份进行网络恋爱的故事。

（二）虚拟身份的潜在危机

虚拟身份并非只是网络上的角色扮演，虚拟身份在网络社会中表现出新的特点，也带来了新的问题。因为虚拟身份是匿名的，它并不能让人了解虚拟身份背后的真实情况。这一问题在网络没有实施实名制之前，显得尤甚，在网络实名制出现之后，虚拟身份的问题也并没有因此消失，虽然上网用户是实名登录的，但是进入互联网之后，在虚拟社区中用户仍然是以虚拟身份出现的，对于普通人而言，无法直接获得对方的真实身份，因此虚拟身份是网络的虚拟性所带来的，属于网络社会的本质特征之一。“网络犯罪行为发生空间的网络性特征决定了主体的不确定性。”①虚拟身份的首要问题就是如何与现实身份进行协调的问题，由于虚拟身份是在网络社会中构建起来的，所以虚拟身份相关的问题要在网络社会中予以解决。关于虚拟身份的争论，主要是虚拟身份的使用

---

①　程文凤、陈星：《网络犯罪群防群治措施研究》，《重庆理工大学学报（社会科学版）》2019年第8期，第105页。

规范和违反处罚，例如，哪些行为是虚拟身份可以做出的，哪些是虚拟身份禁止做出的，以及违反这些规定应当如何进行处罚。对虚拟身份的处罚，有禁言、禁止登录、封号、封 IP 等措施，同时而来的问题还有，对虚拟身份的处罚是否要涉及现实身份。一般来说，通行的规范是如果没有触犯现实的法律，在网络社区规则框架内可以解决的问题，尽量在社区内部进行解决；而如果虚拟身份的违规行为触犯了现实的法律，那就应当追究其现实身份的责任。当然面临的技术性难题就是如何确定虚拟身份和现实身份的对应，如属实名注册的，就可以比较快速地找到现实身份，不过也要确定账号是否由本人操作。

网络虚拟身份带来的并不只有违法犯罪，虚拟身份还可能会导致青少年沉迷于虚拟身份而无法自拔，甚至包括意志薄弱的成年人。为了确认这一点，不妨查看一下虚拟身份所能涵盖的各种各样的功能，有的青少年在网络上扮演某种角色，满足内心的某种期望，甚至分不清自己的虚拟身份和现实身份，以致沉迷于虚拟世界而无法自拔。这种事情在心智尚不成熟的年轻人身上是有可能发生的，因为他们的自我意识还在发展构建阶段，过分沉迷于网络社会的生活，网络中的虚拟身份就可能会成为他们所构建的“自我”的一部分。虚拟和现实的强烈对比，使得他们更易沉迷于网络，因为他们往往可能在网络中大杀四方，而在现实中却一无是处。这使我们看到虚拟身份问题不仅是网络社会问题，还是关乎青少年心理健康成长的问题。我们可以挑选出一类青年人进行研究，在这一类青年人中他们没有长时间地在网络上使用虚拟身份进行活动，而另一类青年人则长时间地沉迷于虚拟世界，通过两类年轻人的对比就可以看到虚拟身份对青年人“自我”构建上的各种影响。

(三)虚拟身份问题的管理规范

关于虚拟身份的研究，要从如何构建虚拟身份入手，才能看清虚拟身份问题的方方面面。虚拟身份的第一类构建方式是指通过文字、图片等在与其他用户交流的过程中实现自己的虚拟身份。这类虚拟身份容易具有欺骗性，因为文字和图片是任何人都可以发送的，对善于说谎的人而言，伪装虚拟身份是再容易不过的事情。另一类是在网络游戏这样的网络社区中，扮演某种虚拟身份需要一定的能力，即使是网络游戏中的强大也是以耗费大量的时间金钱和良好的操作为前提的，所以此类虚拟身份被关注到的更多是与虚拟身份有关的能力，因此它的迷惑性主要是在虚拟世界中，而不是在现实世界中。当然，虚拟身份近几年也出现了一些新的形式，例如网络直播、短视频等，但是，虚拟身份也并未在这些领域有新的改变，任何虚拟身份都是通过少量的数据输出展现出来的在网络上的形象。虚拟身份的问题在于虚拟世界和现实世界的关系，以及如何给出支配虚拟身份的社会准则和规范，准确地说是对虚拟身份的权利和义务给出界定。

这个问题同现实世界中的社会规范问题属于同一种类型，在现实世界中，为什么人们逐渐接受某人的身份并予以认可，即赋予现实的身份以合法地位？简单地说，答案在于现实世界的身份构成具有生成性和周围人具有密切的联系性。除了这些方面，虚拟社会的身份问题则具有其特殊性，虚拟身份既牵扯到虚拟世界也关联着现实世界。例如，通过虚拟身份达成欺骗现实中的人的目的。在虚拟身份问题上也存在着一些不容易界定的情况，例如，网络实名注册的网络社区账号，一般说来是和现实身份相对应的，因此它的虚拟性没有那么强，很多时候是作为一个自媒体的性质出现的，即通过这一账号发布有关的信息或者同其他同样实名注册的账号之间进行互动。可以说，在网络实名制出现之后，以往的以构建虚拟网络身份进行网络欺诈、散播谣言进行违法犯罪活动的行为得到了极大的遏制。“移动互联网时代的到来，网络和现实的身份变得密不可分，二者相互渗透，现实身份与网络身份相结合。”①移动互联网使得虚拟身份主动与现实身份相重合，以达到完成现实世界中互动或交易的目的。种种迹象表明，虚拟身份的出现以及随之而伴随的网络行为是有其深层原因的，随着现实世界空间的被挤占，人们已经无法简单地通过远离屏幕来拒绝虚拟空间，甚至虚拟空间满足了人们的某些心理期望，同时也填补了人们的空闲时间，打发各种无聊的时光。

---

① 陈安繁、金兼斌、罗晨：《奖赏与惩罚：社交媒体中网络用户身份与情感表达的双重结构》，《新闻界》2019 年第 4 期，第 29~30 页。

二、网络谣言和网络语言暴力

网络社会行为中还有可能出现的情况是网络语言暴力，即以某种夸大形式对某一网络社会成员甚至其背后的真实身份进行语言攻击。这种行为之所以会起作用，主要原因在于引导舆论，让大众形成对某一事件、行为的集中攻击，这往往会给当事人造成极大的心理压力与精神负担。而这种网络语言暴力行为得以实施的原因也是网络身份虚拟性的庇护。网络攻击行为也可以分为两种，一种是无组织的乌合之众，他们更多地是希望通过语言暴力发泄心中的不满，再一种就是有组织的，通过雇用水军，达到攻击、污蔑他人，或者歪曲事实的目的。“在线社交网络不存在传播阈值，谣言很容易就能够在网络中传播，互联网上的谣言治理仍然面临巨大挑战。”①

（一）网络暴力出现的原因

在网络中为什么更容易出现争执和极端情况呢？首先在于网络社会行为具有身份隐蔽的特点，近几年虽然实行了网络实名化，这一情况有所改观，但是从本质上来说，网络仍然具有身份隐蔽的特点。在网络中，人们主要是通过文本、图片、语音或视频进行交流，尤其是陌生人之间，只通过这样的非直接的手段，无法得知对方在现实世界中的性别、年龄、姓名、工作情况、社会地位等，因此具有了身份隐蔽的特点。其次，网络行为具有一定的随机性和弥散性，例如网上冲浪，人们往往是随意点击感兴趣的网页，而不具有目的性和计划性，即使有计划，也缺乏有效的执行。随着长时间的网上冲浪，有的人可能会迷失在网络中，感觉时光飞逝。网络行为具有易沉迷性，网络其实是一种人为创造物，主要用于满足人的意识上的需要，因此它往往比现实中的事物更容易满足人们心理上的需要，所以它更容易让人沉迷其中。正是这些原因导致部分网络社会成员沉溺于网络世界，躲在虚拟身份的背后攻击他人。

---

① 张亚明、唐朝生、李伟钢：《在线社交网络谣言传播兴趣衰减与社会强化机制研究》，《情报学报》2015 年第 8 期，第 843 页。

(二)遏制网络语言暴力

遏制网络语言暴力需要建立良好的网络社会行为规范。网络社会行为规范问题，在网络热点传播的过程中体现得尤为明显。一般认为，网络热点的传播主要基于以下三个方面：第一，网络信息的发布。这一阶段的主要特点在于：网络信息的内容是否具有话题性，网络信息的标题是否具有吸引性，这两点决定了网络信息的点击量。第二，网络信息的转发和评论。所谓转发和评论，是指网络信息在网络用户点击之后被信息内容触动而将消息继续转发扩散，并形成有价值倾向性的评价。第三，网络信息的发酵。网络信息的发酵是网络热点传播系统中的一个子系统，与其他方面相比，发酵是更为重要的方面，重要到足以决定热点的大小和持续时间，但热点仍然无法摆脱传播本身的规律，热点要想长期存在，保持持续的关注，必然要依赖于新的相关内幕和关联情况的发布。既然这个传播点与整个热点系统是相依存的，那么热点的发酵不仅要遵循传播的规律，还必须要遵循网络社会的秩序规范。因此，要遵循网络秩序意义上的道德规范，热点的关注点就不应局限于热点本身，还应包括热点之外的其他网络事件，不仅对热点事件的当事人，还要对整个网络社会负责。“互联网本身就是一个信息的生产和再生产系统，繁杂难辨的海量信息强化了网络受众的风险感知度。”①

在网络热点中，网络事件的真实性在新闻传播方面与网络社会规范的要求是一致的。新闻传播的第一条原则即新闻事件的真实性，新闻不仅仅是事件的简单相加，而是有机整合在一起的，新闻有其整体的目的和动机。新闻传播应该符合网络社会规范，社会规范又必须在法律的背景下，与正常的社会秩序相一致。近些年，网络事件的背后往往有幕后推手，将网络事件予以炒作，以吸引眼球，增加点击率，更有甚者，出现了专业的炒作团队，负责炒作某一网络事件，或者包装某一网络红人。在这种情况下，普通的互联网用户容易被虚假

① 姜方炳：《“网络暴力”：概念、根源及其应对——基于风险社会的分析视角》，《浙江学刊》2011年第6期，第184页。

的信息误导，变成推波助澜的工具。要正确处理网络热点，首先必须辨别网络自发的热点与被人为炒作的热点。所谓自发的网络热点，是指在没有专业团队推动的前提下，公众自然形成的对某一事件的关注。所谓人为炒作的热点是指由专业团队对事件的虚构或者夸大，并且在购买流量、雇用水军的情况下创造出来的。我们应通过对自发热点和人为热点的甄别，在技术层面、网络社会规范层面、法律层面进行充分的约束，以维护正常的健康的网络社会秩序。网络舆论的作用和价值需要国家予以监督和引导。网络舆论的关键主要在于信息如何做到公开和透明，发展和完善出一套有效的网络舆论的监督和引导系统，并运用这一系统构建健康的网络舆论生态。网络舆论牵涉广泛，包括在网络中传播正能量或事实，拒绝假新闻和谣言，尽量避免情绪化的表达带来的负面影响。还要注重传统媒体和网络媒体的结合，其中传统媒体包括了广播、电视、报纸、杂志等，而网络媒体包括网页、微博、微信、公众号等，利用传统媒体可信度高的优势，以及网络媒体传播快的特点，达到真实有效快速的传播，以弥补网络媒体自身的不足，引导社会公众，从而有利于构建和谐社会和形成积极的价值观。

三、虚拟财产和网络诈骗

随着网络的飞速发展，网络上的虚拟财产是不是真实的财产问题出现了。从历史发展来看，虚拟财产最早并不被视为个人财产的一部分，因为它依附于虚拟网络，不具有独立性，或者说是非物化的。但是，从商品的属性上看，虚拟财产有其使用价值和价值，它的所有权应当受到保护。2017 年 3 月 15 日，经第十二届全国人民代表大会第五次会议表决通过的《中华人民共和国民法总则(草案)》，自 2017 年 10 月 1 日起正式实施，其中第 127 条规定：法律对数据、网络虚拟财产的保护有规定的，依照其规定。这标志着对虚拟财产的保护写进了国家立法。

(一)虚拟财产问题

一般说来，虚拟财产(Virtual Property)应当包括网络账号、网络游戏内的游戏装备、游戏币，网络虚拟货币以及网络店铺等。当然具体哪些属于虚拟财产，哪些不属于虚拟财产，需要根据其价值和相关的法律法规予以判定。虚拟财产可能发生民事纠纷关系主要体现在两个方面，第一个方面是互联网用户和运营商之间的关系，第二个方面是互联网用户和用户之间的关系。在我国，虚拟财产概念最早引起公众的关注就源于一起用户和运营商之间的官司。2003年北京市朝阳区受理了一起网络虚拟财产纠纷案件。原告李某在某个网络游戏中花费大量时间和金钱辛苦积累的游戏装备突然不翼而飞，他一气之下状告游戏运营商。案件的关键点在于网络游戏装备是否属于"财产"。原告认为游戏装备虽然属于虚拟物品，但是具有人民币交易价值，因此属于财产。而被告游戏运营商认为，虚拟装备只是程序中的代码，不是现实世界中以"物"的形式存在的东西，因此运营商不承担责任。最终法院判决运营商恢复李某的游戏装备。这起事件引发了亟须为网络虚拟财产进行立法的讨论。而在互联网用户之间的虚拟财产民事纠纷就更为复杂，存在着虚拟财产的盗窃、欺诈等行为。例如，盗取他人游戏账号，出售游戏账号或游戏装备获利，或者盗取他人游戏装备获利。再比如，网络店铺存在着继承和转让的问题，夫妻共同所有的店铺，在两人离婚后的财产分割问题。

(二)网络诈骗问题

网络诈骗，即利用网络的匿名性和隐蔽性从事诈骗活动的行为。网络具有天生的匿名性和隐蔽性，与面对面的传统社会交往行为不同，你无法得知在网络的另一端电脑前坐着的是什么人。网络由于无法做到完全实名化，存在着各种漏洞，而违法分子常常采取使用代理，或将服务端架设在国外等做法躲避网警的追查。虚拟社会中的很多问题根源在于虚拟和现实不一致的问题，例如虚拟身份和真实身份不对应，某个账号由他人代用，完成某个账号主人无法实现的目标，或者账号被盗用，进行诈骗等为非作歹的行为。这种现实与虚拟不一致的情况，如何通过有效的措施规避这一现象的出现，是要在网络社会实践中反复研究才可以得出的。与这种情况相接近的是以电话邮件形式出现的电信诈骗。在电信诈骗中，造成欺诈行为发生的原因，同网络诈骗的原因是类似的，都是现实身份和“扮演”身份的不一致。对于这种传统身份的不一致，我们还可以通过现实世界中的说谎、欺骗和伪装来对这种身份的不一致进行分析。网络诈骗的财物可能是现实世界的财产，也可能是虚拟世界的财产，但是都已经触犯了法律。按照现有的相关司法解释，诈骗数额超过 2000 元即构成犯罪。网络诈骗数额超过 2000 元的情况下去报警，警方一定会受理。警方还会要求相关的网站或者公司予以配合，所以在现有法律框架下，网络诈骗与现实诈骗一同对待，在网络实名制的大前提下，技术上对诈骗者追踪已经成为可能。那些妄想在虚拟世界中靠欺诈发财的人已经难有出路。常见的网络诈骗包括以下几种形式：一是“网络钓鱼”，即通过盗号木马、伪造网页，盗取用户的银行账号、密码等个人隐私，然后转账或购物以提取用户账户资金。二是通过发送电子邮件，发布虚假信息，这类信息一般是中奖，或冒充公检法告知用户违法，让用户通过银行账号转账汇款等。在网络中，网络社会成员应当提高警惕，不相信陌生账号发来的信息，不贪图小便宜，不点击不信任的网站，遇到诈骗应当及时报警，善于运用法律武器维护自身的合法权益。

四、网络信息泄露

网络信息泄露在今天极为普遍，互联网用户的信息和一举一动都会被数据库保存下来，曼纽尔·卡斯特尔认为当前美国的互联网公司开启了一种新的商业模式，即数据资本主义，“在硅谷，你不用为使用各种网络服务付钱，为什么？因为我们‘支付’的是我们使用这些服务所产生的数据，这些数据被公司用于定向广告。销售数据是一桩全球性生意。大家都知道，谷歌就是这种商业模式，它 90%的利润都来自它称之为广告的收入。但这并不只是广告，它们实际上售卖的，是用户数据”。①

（一）网络信息泄露问题

一般说来，网络信息泄露的问题，比网络诈骗或网络谣言涉及的人群更

① 曼纽尔·卡斯特尔：《网络社会与传播力》，《全球传播学刊》2019 年第 2 期，第 79 页。

多。这不仅因为网络信息泄露的技术问题比网络诈骗和网络谣言复杂，而且网络信息泄露涉及的社会学问题比其他网络问题要更多，并且因为网络信息泄露的主体多样化，所以这一问题也比网络诈骗和网络谣言要难以处理得多。从历史上看，网络信息泄露有多种源头，曾经出现过的网易邮箱、人人网等网站的信息泄露事件，引起了公众的担忧。网络上的信息尤其是个人隐私如何得到保护一直是个难题，网络中的信息与生活中的个人信息很相似，但是，网络上的信息更容易泄露，正如在网络中的其他内容的共享一样，个人信息也有可能以共享的方式被泄露出去。事实上，如果不法黑客窃取了网站的个人信息，那么他的目的不是自己使用这些信息，而是要出售以谋取利益。为什么网络信息泄露屡禁不止呢，因为网络信息在技术上和法律上都没有得到完善的保护。曾经出现过多起“人肉搜索”事件，将他人的个人隐私信息曝光于公众面前。起因可能是某人在网络上被人指责实施了某一行为，而这一行为触犯了众怒，但这一指责有可能是真实的，也有可能是编造的。无论真实与否，这一触犯了众怒的人，都有可能遭到人肉搜索。所谓人肉搜索，就是充分运用网络技术挖掘信息，找出某人在现实中的身份、家庭住址、工作单位、以往的所作所为等。因其搜索定位的是现实中的人，是具有肉体的真实的人，而不是网络中的虚拟身份而得名。人肉搜索实际上也是网络暴力行为的一种，这是因为，第一，在未确定事实真相的情况下，就启动人肉搜索，这有可能会冤枉无辜的人，给他人的生活造成困扰。第二，即使确定某人的确实施了违背公序良俗的行为，也不应当进行人肉搜索，将个人隐私暴露在公众视野之下，这种行为本身就是非法的。我们能否用非法的手段对待一个违背了公序良俗的人呢？答案是否定的。然而为什么还有这么多人乐此不疲，甚至有时“人肉搜索”会演化成一场公众的狂欢呢？因为，施行“人肉搜索”者往往打着道德捍卫者的旗号，化身为正义之士，即使搞错了对象，他也可以轻描淡写地说一句“一场误会”，躲在虚拟身份的背后，从而逃避法律的追责。

（二）网络信息安全保护

网络信息安全保护至少应该从三个方面予以加强：第一，在个人层面，个人应当注意保护个人隐私，不轻易透露个人信息，不在不信任的网站上填写个人真实信息，更不要把个人的真实信息挂在网上。第二，在互联网公司层面，应加强用户的信息保护，提高信息保护技术，修补网络漏洞，避免黑客入侵，绝不主动泄露用户的信息，更不能转让或者售卖用户信息，否则将承担法律责任。第三，在政府层面，加强网络个人信息的保护监管，完善相关的法律法规，打击惩处黑客行为，打击惩处网络个人信息窃取、售卖行为。网络信息安全的充分保护是完善国家法治建设的重要一环。

网络信息安全与防护最新的解决方案是通过云计算实现的。目前云计算可以实现安全托管服务、终端安全管理系统、网络信息安全风险量化评估等服务。云计算的安全要素并不只是安全设备上的，而是对数据进行统一的存储、分析和展现，通过扫描发现数据异常行为，抵御不明的安全威胁。云计算将改变传统的网络安全防护构架、安全分析系统，变革现有的网络安全模式。在云计算的基础上可以实现私有网络，即在云上构建专属网络空间，不同的私有网络空间完全隔离，推出专用的网络 VPC、IP 地址、子网、路由表、流日志、网络 ACL 等功能。云计算可以实现全面主动防御，按照样本的系统行为特征进行风险评估，监控和评估能力由后台大数据提供支持，它比传统的技术安全系数更高，抵御风险能力更强。

第三节　网络社会规范的构建

网络社会广义来说就是由于网络技术的出现，而形成的新的社会形态，即人与人之间的关系不再局限于现实世界，而是拓展到网络中。移动互联网的出现使得网络链接变得更加便捷，用户不必一直坐在电脑旁边就可以保持在线，与他人进行沟通，特别是移动即时通信技术的出现，比如移动 QQ、微信等软件，使得用户的上网行为转移到移动网上。4G、5G 技术的发展，上网速度越来越快，延迟缩短，流量价格也可以承受，用户对数据的需求可以得到实现。手机、平板电脑这些移动端因其方便携带，大量的 APP 针对用户的衣食住行予以设计，人们可以在移动端上购物消费、预定出租车等以满足自身的日常需要。这催生了移动互联网经济，同时也使得网络社会的发展步入一个新的阶段，即移动网络社会。与之前的最大不同在于，它便携，无处不在，对于普通人来说甚至可以取代传统的通信方式，电话短信都可以在互联网上通过数据流量的方式实现。这为网络社会的发展带来了新的机会和问题。新的信息时代随之到来，这既是构建移动网络社会的时代，也是改进移动网络社会的时代。在移动网络社会，移动互联网经济飞速发展的时代，何人能优先建立更和谐的网络生态，把用户的需求和厂商的要求同时得到满足，为移动网络社会制定个性化的规则，从而保持移动网络社会的先进性，以发挥这一新网络社会形态的优势，成为一个新的课题，也是一个新的难题。我们有必要分析网络社会成员的网络行为、关键举动，阐发网络社会行为的影响与危害，提出解决网络社会问题的解决方法，以网络社会成员对规范的遵循情况界定其网络社会身份和网络社会归属，更精准地描绘网络社会成员的肖像。网络社会成员的行为一定是出自多种目的，形成多样的社会关系，产生不同的社会影响，探究网络社会行为施加的影响以及扩散的情况，有助于社会行为规范的建立和社会关系的调节。

一、网络社会规范构建的基础

网络社会规范的建立和贯彻，核心问题在于建立起网络社会成员之间的共同约定。对于网络社会规范如何界定，有学者指出，通过共同缔结的规则，对网络社会成员进行约束，就可以构成一条规范。在网络中，存在着突破网络规范的行为，鉴于网络管理的法律法规尚不健全，以及网络的自身特性，突破网络行为规范的行为往往难以避免。由于网络管理法律法规的不健全，发生突破网络规范的行为，往往被认为是违背了网络规范，但是并不被当做犯法。网络本身具有身份隐蔽性，使得网络社会的道德伦理十分薄弱，只要参与网络聊天，加入网络群组或论坛，就能够进入网络社会，成为网络社会的一员。这样的身份隐蔽性使得网络社会行为触犯道德伦理的底线变得不需要付出多少代价。一旦自身的账号被封禁，触犯网络道德伦理底线的人只需要重新申请一个账号即可。在随意申请的账号下，使用者虚构自己的身份，肆意地宣泄情绪，攻击他人，身份隐蔽性使得网络社会成员的道德伦理意识薄弱，甚至认为网络是法外之地。

（一）网络社会规范的形成

网络社会秩序的维护，需要网络社会成员根据自己的身份自主地去行动，同时需要网络社会成员设置规则，通过规则约束参与者的行为方式和权限，以及需要通过规训与惩罚对网络社会成员进行控制。网络社会规范有可能是一些默认的规则和显明的规则。默认的规则是指在成员加入时就已经在认识、感情和行动中表现出来的，比如网络社会成员之间共同遵守的行为规则。默认的网络社会规范有助于建立网络社会成员之间的信赖，有利于构建网络行为规则和章程。这些默认的规则一般是规约而成的，不具有强迫性。而显明的规则是网络社会成员主动设置的，由网络社会组织以及管理人员予以监督执行的，具有强制约束性。“网络治理机制指维护结点之间联系以促使网络有序、高效运作，对结点行为进行制约与调节的资源配置、激励约束等规则的综合，其作用是维护和协调网络合作，通过结点间互动与共享，提高网络整体的运作绩效。”①

网络社会规范是用于维护属于上网者的共同空间的，网络社会规范是网络公共秩序的有机组成部分。网络社会也是现实世界的一部分，参与网络行为的人也是现实世界中的个体。从这一角度来看，应当把网络社会规范纳入法律的框架之中。现实世界中的行为有法律的约束，网络社会行为也应在法治的环境下进行。在法律的保护下，个体的行为受到法律的约束，同时个体的权益也受到法律的保护。网络社会规范有一部分来自技术性的手段，例如网络身份的不同，用户的权限也有很大的不同，有些网站的访问、有些网络信息的查看等都受到网络身份的约束。

① 李维安、林润辉、范建红：《网络治理研究前沿与述评》，《南开管理评论》2014 年第 5 期，第 45 页。

（二）互联网精神

平等与共享是互联网的基本精神，网络社会规范首先要遵循平等的原则。行为约束和行为评价是一种调整网络社会秩序的方法。网络社会的目的是组建网络上的交流共享平台，实现人们在现实世界和虚拟世界中的自我价值，其社会规范除了约束网络社会成员的行为之外，还要求实现网络社会的良好秩序。"从实践哲学和实践伦理学的角度看，我们要创造网络美好生活，就应该且必须从寻找网络社会的伦理实践中的道德或不道德的生活真相开始。换言之，只有了解和认识了网络社会的伦理的真相或本质，才能将网络世界的美德发扬光大，抑或让欠缺美德的网络生活世界变得更具美德，至少通过我们的努力可以提高这种将美德与网络生活融为一体的可能性。"①

网络社会规范要继续发扬互联网的共享精神，这一精神被网络社会成员广泛认可，从基本内容来看，互联网共享精神与传统社会中的共享精神有一定的相似性，虽然尚未达到本质的认同，但是，从互联网共享精神和传统社会共享精神的比较来看，互联网共享精神被渗透和参与到网络行为的各个方面，共享原则得到充分的显现，具体表现为一个个分享行为。免费主义是互联网共享精神的主要追求之一，它与互联网精神具有密切的本质关系。这种关系的表现之一是，免费主义是共享精神的基础。互联网分享作为一种网络社会新兴的行为模式，应被纳入网络规范之中。就互联网现状而言，整体的网络参与者普遍以免费主义为基本要求，坚持不免费就寻找其他替代品的做法，使得网络共享有了发展和改进。网络共享与版权保护存在着冲突，免费共享的大行其道阻碍了版权的收费。在网络社会中，免费下载的产品和版权保护产品应有所区别。共享原则是互联网的基本精神，但是共享原则也应与知识产权保护法相一致。知识产权保护法以往被认为只适用于现实世界，用于保护创作者的劳动成果，应支付创作者的劳动报酬，但是在互联网中知识产权保护显得更加重要，它用于

---

①　唐魁玉：《网络美好生活的伦理维度》，《西北师大学报（社会科学版）》2018 年第 6 期，第 79 页。

调整创作者和分享者之间的关系，能够体现知识产权保护的具体化。

(三)网络伦理

网络社会规范构建的基础之一在于网络伦理，这需要我们构建网络规范伦理学。网络社会的伦理学应该是基于现实世界的伦理形态，因为网络社会是现实世界的发展结果和一部分。从伦理形态上看，现实世界的伦理规范已经较为完善，虽然具体的伦理规则可能会存在争议，但是大众普遍认为存在着伦理规则的必要。网络伦理规则来自这样的疑问，即什么是好的网络行为？如何做出好的网络行为？怎样才能形成良好的网络社会规范？正是在回答这些问题的时候，网络伦理规范得以逐渐形成。网络社会规范并不是要复制现实中的社会规范，而是构建符合网络社会的行为准则，因为网络社会有其自身的特点。当然，强调网络社会规范和现实世界的社会规范的区别，并不是要切断二者的关联，这既没有必要，也不可能。在构建网络社会规范的过程中，我们不但不会忽略现实世界的伦理规范，还会有意识地、不断地返回到现实世界中，向现实世界的社会规范寻找合理的行为准则。只有将现实世界的社会规范整合到网络社会规范中，才能完整地把握网络社会规范的内涵和意义，从而制定合理的网络社会规范的界限和尺度。可以说，网络社会规范的构建，既需要继承和发展现实世界的社会规范，也需要对网络社会开展甄别和研究。

二、构建网络社会规范的基本原则

网络社会具有复杂的结构，应当设立多层次的原则予以应对。网络社会虽然相对独立于现实世界，但归根结底它也是现实世界的一部分。因此，有必要构建虚拟和现实相结合的社会学原则。正如在网络时代，人与人之间的交往也出现了虚拟和现实相结合的交往新方式。网络社会规范依赖于相关的法律，这包括现实社会的法律和专门针对虚拟世界的法规。随着网络社会的发展，必须出台更多的法律法规以应对可能出现的新情况。如果只是出台针对现实中的人的法律，而不考虑虚拟社会的情况，那是不完善的。这里我们提出的是，如何实现虚拟社会和现实社会协调一致的问题，实际上这是网络社会学研究的中心问题。

（一）道德层面

在网络社会规范构建中的第一类原则是社会共同体的核心要义——道德原则。这类原则的特点是，它的规则不是强制性的，而是由个人及其所处群体所共同接受和倡导的。道德原则是社会共同体组成的重要约束。在最简单的情况下，例如传统的伦理道德，约束的单位是个体，这种伦理道德无疑在于规范个体的言行举止。因此，在这个意义上，伦理道德属于社会规范的一部分。但是，由于人们所接受的伦理道德一般是在成长过程中慢慢学会的，导致人们会对传统伦理道德进行反思。年轻人在对传统伦理道德的反思中，会选择适合于自己的道路，并试图脱离传统伦理道德的约束，但是，这种反思与传统的斗争结果往往是形成新的“传统”，然而，这一新传统并非社会所固有。正如人们所看到的那样，传统就是以这样一种方式慢慢演变发展的。在虚拟社会中纳入伦理道德的约束与现实世界中的伦理道德约束有很大的不同，这类伦理道德既不是约束整个网络，也不是约束上网的个人，而是约束可以加以区分的网络中的社会单位，即社群或社区。这类伦理道德的条款可能千差万别，而且对其进行划分是一个比较困难的工作。在对网络伦理道德的研究中，有些问题只能是描述性的，并且对某种道德行为或道德现象的评价只能在实践中总结。这些原则的特点是，网络社会学家作为观察者，尽量从网络社会中与他所观察的社区相融合，以从中获取该社区的情况。之所以这么做，是因为如果刻意保持中立客观性，想观察一个社区又不置身其中，就很可能得不到最全面的信息。从最有效的角度考虑，这种观察方法应该是努力将网络社区中的所有信息予以记录。但是，这并不是研究网络社区的仅有办法，有些伦理道德可以通过网络社区成员的归纳总结就可以得到，然后再通过观察的方法看这些原则是否真的有效。网络社会原则不仅取决于网络社会成员普遍接受的伦理道德，而且取决于网络社会自发形成的规范。例如，在大多数网络社区中，尊重他人的隐私和不暴露他人的隐私成为一条广为接受的规范。对隐私的保护也是多方面的，包括不曝光他人的真实姓名、家庭住址、长相照片、电话号码等个人信息，同时也注意在虚拟网络社区中，即非实名制社区中，也要注意个人信息保护，不主动曝光个人隐私信息，防止被别有用心的人检索到。

(二)技术层面

在对网络社会规范的研究中，网络技术的相关问题是居于核心地位的，因此，在网络社会原则中必须有技术层面的约束。网络技术是导致网络社会问题出现的根源，也是解决网络社会问题的重要途径之一。网络技术的出现使得我们对它形成了依赖，现在我们已经无法想象一个没有网络的社会，即使是在深山老林之中，那也不能完全算是没有网络的社会，而只是网络技术暂时缺失的社会。指望回到没有网络技术出现的时代是不现实的，也是不可能的。网络技术的发展促成了网络社会的出现，我们有必要梳理出网络社会的关系系统，在网络社会中的单元包括：服务商与用户，以及在虚拟社区内部的社区创建者、社区管理员、社区成员，在此基础上衍生出的子社区，以及社区同社区联合而成的超级社区。在网络技术层面，虚拟社会的背后是物理层面的现实世界，虽然网络中出现的是虚拟身份，但是在现实世界中的物理登录地址只有一个。从事网络攻击行为的黑客，往往选择采用多重代理的方式以避免追踪，而我们在技术层面如果可以予以约束和追击，那就显得很有必要了。网络协议是网络规范在硬件层面上的体现，是网络链结的前提，它规定了数据的传输类型、速率、压缩和解压方式等。网络协议是网络社会技术层面规则的模板，制定可以约束网络行为的网络协议可以有效保证网络社会的平稳运行。

(三)经济层面

由于电子商务的出现，经济层面的网络社会原则也显得十分必要，现实的商业规则和电子商务的结合，使其具有了新的特点。电子商务经历了 B2B、B2C 和 C2C 几个阶段。B2B，英文为 Business to Business，指的是商家和商家之间的商业互动，而 B2C(Business to Consumer)指的是商家把商品卖给消费者。例如，京东、亚马逊等网站就是这样的形式。而 C2C(Consumer to Consumer)指的是消费者之间的买卖行为，典型的网站是易趣、淘宝网等。在经济层面的规则方面，我们可以列举关于商品的质量、真假、是否新品等原则予以约束，这些规则无疑是关乎商品交易成功与否的关键。但是，除了约束商家之外，也要约束消费者，例如不能恶意退换货，利用几天之内可以无条件退换货的规则把试用当成租用，再比如不能恶意差评，包括被商家竞争者收买给商家恶意差评等这样的一些规则。商业规则的有关问题，关键在于如何确立公平公正的商品交易环境，让交易可以顺畅地进行。在 C2C 这种电子商务模式中，消费者和消费者之间的规则与商家和消费者之间的规则属于同一类型。在消费者和消费者进行交易的过程中，卖方的消费者充当了商家，买方的消费者仍然是交易中消费的一方。这里的关键是如何使交易双方产生互相信任，并且完成交易行为。市场关于管理和违规处理应当有严格的规范，作为提供交易平台的网站可以出台相应的规章制度，并且安排专职的管理人员处理交易纠纷。既要规范商家的行为，打击不良销售商，同时又要保护消费者的权益。在网络支付方面，很多平台采用的第三方支付方式取得了很好的效果，即买方将款项支付给第三方，待收到货物后再由第三方支付给卖方。对于没有平台的交易，我们还可以借助一个双方都认识的人来完成交易，如果双方仅仅是基于信任，在多次合作之后也会达成信赖。电子商务应该明确违规的赔偿方案，它的宗旨和细则实际上体现着规则的严肃性和严格性。

(四)文化价值层面

毫无疑问，按照社会学构建社区原则，文化和价值方面的原则更是不可或缺的，像文明礼貌与互相尊重的原则是社区文化得以发展的前提。在最基本的层面，例如网络文化的大众性，参照单位是网络社会成员个体，可以通过观测研究个体对网络文化的关心程度和接受情况得出结论。在这个意义上，网络文化属于网络社会学的范畴。但是，由于人们所接受的文化只是在个人层面上获得的，所以会导致与社区文化有所差异。例如，一次网络事件可能导致公众对这一事件的恶搞，甚至引发一场网络狂欢。这些网络行为自然会吸引部分网络社会成员参与其中，但是也可能会有部分网络成员指出恶搞行为不当，并拒绝接受。然而，这一差异并非网络文化所特有，它更显示了我们所说的个体网络文化的特征，也就是说，这种网络文化允许人们只是根据个体的特征，而不是根据他们所属的社区环境的特点来区分每个个体。有些网络社会文化与传统社会文化有很大的不同，这类文化的价值既不是教育性的，也不是启发性的，而是娱乐性的和极端化的。“形形色色的恶搞文化就是在新媒介技术推动和后现代消费主义社会语境中发展起来的新兴文化形态。”①网络文化和网络文化的社会影响也属于这一类。网络文化的社会影响实际上说明了在快节奏的消费社会下，信息爆炸和信息碎片化处理是人们在网络上消遣的主要特征。以传统的经典著作为代表的精英文化难以在网络上传播或引起持续关注，并不是因为传统的经典著作难以在网络上得到长期阅读，而是在于，网络上有大量的图片、视频、游戏等内容，这些内容更吸引网民，占用了网民的时间。网络文化逐渐走向娱乐化，同时在道德价值领域，呈现出道德判断的极端化。在网络上引起爆点的往往都是极端化的事件，例如某些违背公众道德的行为。实际上，网络中的群体讨论有放大效应，它会把生活中的善恶加以放大，有些讨论者为了引人注意，更是言辞激烈以吸引公众的注意，再加上大多数人的从众心理，很容易使对事件的评价走向极端。网络和其他的大众媒体一样，具有较强的误导性，因为它们总是把丑恶现象传播开来，使得公众认为丑恶现象在社会生活中所占的比例加大了。因此，在文化价值方面设立原则显得尤为重要，网络社区价值观体现在网络发展过程中或社区变迁过程中的精神方面，对网络文化的发展起着决定性的作用，特别是网络语言和网络文化也会对现实世界产生影响。

总之，要在多个层面构建网络社会规范原则，这些原则应当包含道德层面、技术层面、经济层面和文化价值层面，以现实关照网络，构建虚拟和现实相结合的网络社会规范。

① 曾一果：《符号的戏讥：网络恶搞的社会表达和文化治理》，《南京社会科学》2018年第12期，第108页。

第七章　大数据时代的社会影响

大数据是当今信息技术进步的最新产物，大数据挖掘在诸多领域展现出了超强的预测能力，完成了此前许多人不可能完成的任务，大数据正被越来越多的行业和领域关注和应用，一个属于大数据的时代已经到来。

从技术发展的历程来看，孤立地看待大数据技术的观点是片面的，因为从技术的本质层面来说，大数据是信息科技发展的现代产物；但是将大数据等同于传统意义上的网络信息技术，更是不客观的，因为它与此前的信息技术相比的确涌现出很多新的特性。

那么，大数据将会或者已经带来哪些观念的转变？这些转变有可能带来怎样的机遇和挑战？本章将试图对此做出回答。

第一节　信息技术的发展与大数据时代的到来

大数据时代的到来并非偶然，新兴信息技术的发明和利用是它应运而生的基础。不过对于公众而言，很多人并未直接感受到大数据是一个科学技术厚积薄发的产物，大数据出现在公众视野当中时就已经是一个在诸多领域崭露头角的神奇的科技产物，很多艰深的研究领域在大数据的加持下，激发出了新的活力。比如，“由于 AlphaGo 的深度学习利用了大数据作为学习的样本，于是，很多人认为应当把‘大数据’作为人工智能研究的创新方向，”①这些成就无疑

① 钟义信：《范式转变：AlphaGo 显露的 AI 创新奥秘》，《计算机教育》2017 年第 10 期，第 9~14 页。

都会增强公众对于大数据技术的叹服。

AlphaGo 与人类进行围棋对弈

然而，对于科技产物的“叹服”和“恐慌”像硬币的两面总是相伴而生。除了在大数据加持下的人工智能 AlphaGo 轻松击败人类，让人类对“万物之灵”地位不保的忧虑加深外，大数据基于海量数据的信息挖掘有时候可以让用户的隐私无所遁形。Facebook 集团基于用户的使用和浏览信息的分析挖掘，可以为用户做出极为符合其志趣的产品的广告推介，这让诸多 Facebook 用户惊觉原来自己可能一直处于他人的监控当中。

这一切，对于并未深入了解大数据的运作机制的公众而言都是“横空出世”的新话题，甚至进而引发社会思潮的大转变。因此，如何理解大数据之“大”，大数据作为最新的信息技术产物又将对社会思潮带来怎样的冲击，我们又该如何应对此类社会思潮的转变等，都是有待研究的问题。

本节将通过对大数据运作机制的分析，探究应对大数据时代新的社会思潮的可行进路。

一、从“小数据”到“大数据”的概念变迁

初接触大数据概念，很多人容易简单地将“大”单纯理解为数据总量之大，

包括部分社会科学领域的研究会时常因为研究中涉及的样本较多，就宣称其研究使用了大数据分析。

应该被注意的是，“大数据作为一种科学范式正是与小数据的范式的相比较而言的”。① 所谓的“小数据”时代实际上就是在信息技术还不够发达的时代，为了减轻信息存储的压力和降低数据处理的难度，而只将那些结构清晰的、价值密度高的数据作为采集对象的时代。在小数据时代，“执迷于精确性是信息缺乏时代和模拟时代的产物，只有5%的数据是结构化且能适用于传统数据库的……剩下95%的非结构化数据都无法被利用”，② 而“大数据”之所以会“大”实际上就是因为它将那95%的非结构化的数据也作为存储、挖掘和分析的对象。“小数据”时代对数据精确性的追求，到了大数据时代并非其最首要的要求，取而代之的是对数据收集的完整性的追求，这样一来有待分析的数据样本将可高达PB级别(1PB=1024TB，1TB=1024GB，1TB的硬盘容量在主流的PC配置中已是较高的量级)，目前世界范围内有如此巨大的数据储备能力和挖掘能力的只有微软、亚马逊、Google、Facebook和IBM等少数几家公司。因此，一些研究中提出“大数据具有不确定性，需要通过清洗、甄别等方式来确保其精准、可信与一致”③的观点，仍然属于用小数据的处理策略来对待大数据；一些学者在分析了不到20年的研究文献后就用“大数据分析显示”④来指称分析结果，也低估了大数据之“大”。

不过在指出大数据时代与小数据时代的不同之处后，我们也就可以理解大数据挖掘可以产生空前的研究成果的原因：

其一，相关数据的完整性高度提升。小数据时代为了追求精确性抛弃掉

① 董春雨、薛永红：《数据密集型、大数据与“第四范式”》，《自然辩证法研究》2017年第5期，第74~80页。

② [美]舍恩伯格·库克耶：《大数据时代》，盛杨燕、周涛译，浙江人民出版社2013年版，第97页。

③ 张敏、朱雪燕：《我国大数据交易的立法思考》，《学习与实践》2018年第7期，第60~70页。

④ 蔡木子：《我国媒介融合的主要表现形式及发展趋势》，《学习与实践》2017年第4期，第126~134页。

95%的数据样本反而成为最大的不精确处，大数据尽可能收集全部相关数据才是对数据所表征对象的尊重。

其二，数据甄选的原则不同。小数据时代用已经成型的结构观念去寻找结构明晰的数据，就相当于过滤掉与已知因果规律不同的数据，大数据时代是从意义并不明确的数据中发现其所指称对象之间潜在的相关性甚至因果性。

其三，数据的挖掘深度不同。芯片技术的进一步发展，和以“云计算”为代表的分布式计算技术，是大数据能够被深度挖掘的基础。小数据时代这些技术并未成熟，所以那个时代只能“抱残守缺”地分析少量数据，大数据时代让全局数据的分析成为可能。

总而言之，在大数据时代，无论是数据分析的对象还是数据分析的方法均是与以往不同的，这是大数据研究可以取得新成果的实质原因。大数据并非是简单的“小数据”叠加的结果，而是一场厚积薄发的，在理论预设和方法论层面得到全新变革的一场技术革命。

二、“物机”与“人机”交互成为海量数据的实际来源

我们称当代是“大数据时代”，那么不可不说的就是这海量数据的实际来源在哪。所谓21世纪是一个信息化的世纪，这就让万物的数据化成为一种现实。对于现实世界的数据化有两个方面的基本任务：其一是对于旧有事物的数据化，比如电子地图就是对既已形成的城市道路与建筑布局的数据化，一些电子书就是对已有的实体图书的数据化等；其二是与一些实体性的新生事物相伴生的该事物的数据化版本，比如学术期刊的出版，线上的电子版和线下的纸质版会同时发行，目前很多音乐唱片也同样采取线上线下同步发售的形式等。

这些现实世界的事物转换成为数据化的形态，则需要与计算机系统不断地产生关联，并发生相互作用，这也就形成了我们所谓的“物机交互”的过程，即计算机利用各类传感器作用于客观事物，客观事物又以一种可识别的方式给予计算机系统以反馈的过程。值得注意的是，客观事物和计算机系统之间的这种交互关系是可以保持持续性的。前文提到的文字类、音频类的资料的数据化，有些时候是可以一次性完成的，但是如果被计算机数据化的是一个不断发

生变化的对象或进程，比如每天的城市气温，这就意味着“物机交互”需要持续性地进行。

随着近些年更为先进的图像、声音、温度和湿度等识别系统的发明，我们对于现实世界的转译的精度和广度大大提升，并且当这些技术实际地应用到了现实生活之后，一方面能够为社会生活提供更加细致的保障，另一方面也让数据资源愈发丰富，并且随着大量智能化设备的发明以及民用化，能更大程度地激发人类使用广义的计算机系统的兴趣和欲望。

人通过一定的操作手段来操控计算机系统，并且从计算机系统获得相应的反馈，也就是我们一般意义上所说的“人机交互”。人机交互发生的频次，与计算机系统可以实现的功能和其易用性成正比。自 20 世纪 90 年代视窗系统开始问世以来，个人计算机的普及率大大提升，其中最为主要的原因就是视窗类系统能够提供更加直观的操作界面，让人们不再需要像在 DOS 界面下只能用繁琐的指令码才能实现具体的操作，尤其自 Windows95 系统问世后，鼠标这类能将用户的肢体动作转译成机器语言的输入设备有了更大的用武之地，可以说计算机的操作变得更加友好。

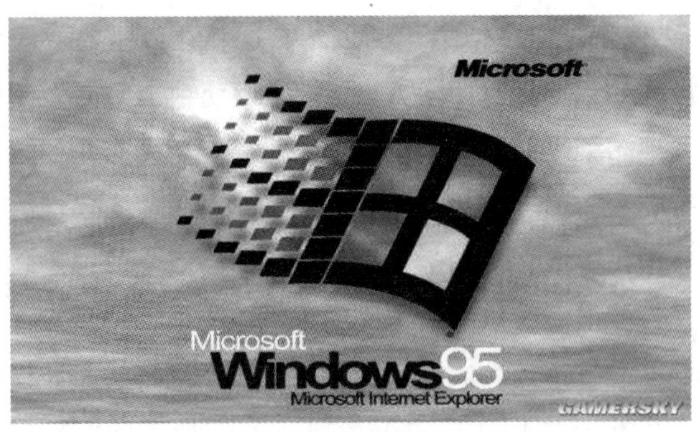

Windows 95

近十年来，个人计算机的发展一方面在体积上变得更加便携，另一方面在功能上与日常生活更加贴近，并且在有了网络技术的加持后，计算机和人更是

"如影随形"。目前广泛流行的智能手机和平板电脑，实质上就是具有移动通信功能的便携式计算机，尤其是当集成电路的制作工艺发展到纳米层级之后，智能手机上体积相对较小的芯片和存储模块的性能毫不逊色于很多传统意义上的计算机，并且智能手机和平板电脑一般都是通过用户的手势变化来实现操作，"想用什么就点什么"的操作模式显得更加的友好。这样一来，人对于此类智能终端的使用频次大大提升，人机交互所产生的数据量也就自然增加了。

可见，"物机交互"让那些关于客观世界的数据的形成和更新及时进行，"人机交互"又可以随时随地增加新的使用数据——这一切都共同构成了一个海量的数据系统。

三、大数据及其"4V 属性"

现代信息技术的加持，让"物机交互"和"人机交互"逐渐产生海量数据，成为大数据问世的技术保障，这说明技术发展其实是一个连贯的历史，任何先进科技产物的诞生都要有一定的技术产物作为支撑，因而大数据绝不是从现象上所见的那种"横空出世"的产物，并且随着研究的逐渐深入我们对于大数据的认识也会越来越完善。

从目前比较公认的观点来看，大数据最为典型的特点可以用 4V 来概括，即"(1)数据体量(Volumes)巨大：大型数据集，从 TB 级别，跃升到 PB 级别。(2)数据类别(Variety)繁多：数据来自多种数据源，数据种类和格式冲破了以前所限定的结构化数据范畴，囊括了半结构化和非结构化数据。(3)价值(Value)密度低：以视频为例，连续不间断监控过程中，可能有用的数据仅仅一两秒钟。(4)处理速度(Velocity)快：包含大量在线或实时数据分析处理的需求，都能得到快速处理"。① 从这样的界定中我们可以看出，大数据本身不是某种单一技术进步的产物，而是先进技术的复合构架：

其一，要保证数据的体量，那么基本的前提就是相应的存储技术要可以胜

① 尚智丛、闫奎铭：《"人与机器"的哲学认识及面向大数据技术的思考》，《自然辩证法研究》2016 年第 2 期，第 24~28 页。

任这些体量的数据的存储。从目前存储技术的发展来看，除了物理存储技术有了极大的突破外，被我们称作“云存储”的分布式存储技术，让大数据的存储调用可以更加不受空间的限制。

其二，要保证数据类型的繁多，那就意味着技术的发展已经可以保证对多种现实现象的识别，并以有效的方式进行表征。目前计算机已经可以将温度、湿度、声音、图像和文字等各种信息以精确度和体量各有不同的文件形式进行识别和存储。以声音为例就有 MP3、WMV 和 MIDI 等格式，以图像为例又有 JPG、JEPG 和 GIF 等格式。信息技术的发展，一方面让可以识别的信息种类得到极大拓展，另一方面同一信息源又可以通过各类不同的技术标准被转译成形式各异的文件——技术的发展让数据种类的繁多更加可能。

其三，价值密度的高低，是相对于可以获得的数据总量而言的。如前文所述，伴随着技术手段的丰富，不但可以被识别的信息类型得到了补充，而且对于相同信息也完全可以做到多元化的转译。现代信息技术不但可以收集到那些具有明显意义的数据，同时也可以收集到那些意义不明确的数据，这样一来，也就容易有更多的数据像“噪声”一般存在——这也是大数据需要进行洗练和挖掘的重要原因，这实际上也昭示了大数据挖掘技术已经有了“大浪淘沙始见金”的能力。

其四，处理速度足够快速，才能让海量数据的收集真正变得有意义。想要得到海量的数据其实相对容易，只要经过足够的时间，保证足够的耐心，那么数据体量的拓展并不困难。但是大数据如果得不到有效的识别、组织和挖掘，那么数据收集的意义几乎可以忽略不计。除了需要以中央处理器为主的芯片技术的迅速发展为数据的处理和计算提供技术保障外，与分布式存储几乎同步发展的分布式计算技术，可让数据的计算处理和挖掘在网络信息平台上实现多机并行，这样一来足以难倒超级计算机的海量数据的计算就可以通过这种并行的处理方式得到任务的分解与后续的综合，让数据的挖掘同样可以不受空间的限制。

综上所述，大数据作为一种复合的技术产物，对于社会大众而言，无疑是一种划时代的创新；然而从技术的基底层面来看，大数据技术的问世、大数据时代的到来要归功于对相关技术的合理综合。

四、大数据资源的丰富与稳定

只是单纯探讨大数据相关的技术进步，这不但会显得枯燥和无聊，距离我们的生活似乎也太过遥远。从实际应用角度来分析现代信息技术对于现代生活的影响，就更会理解为什么大数据时代的到来是那样的自然而然。

信息技术让很多过往难以想象的应用情景得以实现。比如在以往的社会生活中，来到一个陌生的城市后，想要顺利地找到目的地就需要买上一份当地的交通地图，还要反复问询当地人最优的行走路线，才可能让这次旅行显得不那么尴尬。

但是现代信息技术的发展让这一切变得非常简单：我们只要打开手机，连上网络，并打开一个比较通用的地图或者是导航软件，输入我们想要去的目的地，就会生成各类的行走路线，并且还会附上当前时段完成这段路程所需要的时间，甚至还可以增加“躲避拥堵”“不走高速”之类的特殊偏好设定，出行的便捷性大大提升。

信息工具使用的需求，促使了各类事物的信息化，除此之外科研文献的信息化也同样让科学研究的文献筛选与浏览的难度大大降低。就像在现代社会中，一本没有电子版的学术期刊其发行恐怕是寸步难行的。正是用户的这些需求，使得客观世界中事物的信息同时向广度和精度方面发展。同样以电子地图为例，我们已经不仅要求地图上能够清晰指示出城市的一些主干道，甚至要对一些可能使用频次并不高的“园区路线”甚至“无名路段”做到准确的标注；前文提到的书刊资料也是如此，除了要保证新近刊出的书刊有同步的电子版外，老旧书刊的数字化也一直都在进行之中。

可以说，大数据功能最为浅层的作用，就是在这样一个个的现实的应用情景中，一旦用户形成了较强的依赖性，即形成足够的用户黏度，那么大数据系统的运转就可以通过植入广告或者出售更高端服务的方式获得利润。

用户黏度的形成在另一方面也保证了大数据系统未来的建构有更加稳定的信息源。当代的网络信息技术，基本上可以实现信息的即时交互，这就使用户每次对数据的使用行为同时成为数据的产生过程。尤其是现今的手机等常用的信息设备终端中已经植入了多种传感器，可以更加仔细地记录用户多方面的使用历程与使用习惯，通过这些数据的收集不但可以协助运营商优化自身的服务，还能够形成新的数据集合，这些数据又可供进一步的挖掘。同样以前文提到的电子地图为例，用户在使用的过程中会形成特定时段行走特定路段的实际交通时间，当这些数据形成一定的量级后，就可成为未来向用户推荐路线的重要依据；而特定时段特定路段上的用户使用情况，也可以标识出该路段的车流量情况等。

总而言之，用户黏度的形成，一方面成就了大数据系统的实用价值，另一方面也成了大数据系统进一步丰富的信息资源，并且随着用户使用历程的推进，其所构建的数据系统就更加完善，更加完善的大数据系统所提供的服务也就会更容易形成用户黏度，并为该系统的进一步优化提供新的数据。同时也正是在这些具体的应用情境下，大数据给社会带来了更加直接的思维观念的转变。

五、大数据时代对数据本质的再剖析

对于数据的价值观念，根源于对数据的本质的认识。有学者在谈到大数据取得如今成绩的原因时，会认为“大数据技术革命最直接的哲学渊源主要有毕达哥拉斯的数本原说”,① 大数据就是对于世界的本原的研究，所以取得了现有成绩。但应该指出的是，毕达哥拉斯学派之“数”和大数据之“数”在内涵上是存在明显差别的。

毕达哥拉斯学派对于“数”的界定主要包括两个方面。

其一，就是数本原说，认为“数是构成事物的始基。一切事物的形状都具有几何结构，几何结构与数字相对应：1 是点，2 是线，3 是面，4 是体”。② 从上可见，毕达哥拉斯学派中的“数”同时也具有古希腊哲学意义上的“种子”

① 黄欣荣：《大数据技术革命为什么会发生?》，《自然辩证法研究》2016 年第 11 期，第 109~113 页。

② 王玉峰：《神秘的数的和谐——论毕达哥拉斯学派数的和谐论及其影响》，《江苏科技大学学报(社会科学版)》2004 年第 4 期，第 8~11 页。

和“原子”相近的内涵，“数”作为世界最基本的质料来生成万物，并且这种对于世界的构造，是一种自下而上的过程。

其二，就是数与和谐的关联，认为“‘数学和谐性’是关于宇宙基本结构的知识的本质核心……在探索自然定律的过程中，‘数学和谐性’是有力的启发性原则”。① 在这种意义上，人类对于世界的认识，就相当于发现世界上一直存在的数学的和谐性，不满足数学和谐性的发现是不可想象的。也正因此，在当初只观察发现太阳系中有 9 个星体后，毕达哥拉斯却偏要生造出一个叫“对地”的天体，就因为“10”相对于“9”是更和谐完满的数字。

可见，毕达哥拉斯学派意义上的“万物皆数”一方面强调万物由“数”自下而上地逐步构建而成，另一方面强调万物都有和谐的数学化的规律。但是大数据的数据观也是如此吗？

这里首先要明确的就是，为什么我们使用“大数据”这个概念，而非“大数”或“大数字”。

“数据”概念重点强调的是数字化信息的可识别性和可提取性，从这个意义上来说，虽然“数据”看似可能以“数”的形式被表征，但是“数”绝非大数据构建的最终目标，“数据”概念在其最基本的规定性上就决定了它应该为计算机系统所兼容。从这个意义上来说，“数”是否具有毕达哥拉斯学派所强调的那种本体地位已经不那么重要了，“数”由“数据”所表征，并为信息系统所兼容实质上处在了更加突出的地位上。

另一个需要明确的问题就是，力求收集到全局数据的“大数据”，为何不被称作“全数据”。

“大数据”通过收集尽可能多的数据的策略，实现了对于很多事物的变化趋势的正确预测，似乎对“万物皆数”的理念有了较好的确证。但是值得注意的是，并非世界上的所有事物都可以被有效地数据化，即便是那些可以被数据化的事物，数据化的精度也是参差不齐的。因此，“大数据”不妄称或苛求“全数据”既是一种尊重信息科技发展现实的科学态度，也在一定程度上是一种对

① 桂起权：《科学思想的源流》，武汉大学出版社 1994 年版，第 13 页。

于技术局限性的无奈。

最后一个与社会生活息息相关的问题则是，为何意义“不明确”的“大数据”能够准确地反映现实生活。

“大数据”之所以会“大”，就是因为信息系统收集了前文提到的95%的意义不明确、结构不清晰的数据，但出现不明确和不清晰现象的原因一般有两类：其一，这些数据所表征的是，原本连续发展的事物的不同阶段或不同方面，当它们以离散态存在时，意义并不明显；其二，这些数据可能表征的，其实是事物发展将要达到重要阶段或刚刚经过重要阶段后的状态，这些数据脱离因果链条之后就显得与所要表征的事实关系不够密切。“大数据”挖掘要达到的效果就是将这些离散的数据经过系统化整理，在因果链条上揭示数据更深的意义。大数据时代之前的数据收集主要关注的还是显在的因果性，大数据时代则将数据收集的范围扩大到了潜在具有相关性的数据之上。

第二节　大数据对大众生活方式的影响

在最近的几年间，大数据早已不仅仅是一个“居庙堂之高”的科学概念，而是一个已经“飞入寻常百姓家”的现实的科技产品，甚至可以说大数据对于社会大众生活的影响已经融入方方面面，其在给人类生活带来些许便利的同时，也给我们留下了很多值得追问的空间。

一、大数据对传统价值观念的冲击

新的科技产物，有时候就像打开新的世界的钥匙一般。就像显微镜让我们更好地观察到微观事物，望远镜能让我们更加深刻地观察眼前的苍穹一般，大数据也用其超凡的预测能力向我们展现了以往我们未曾看到的世界的另一面。

我们曾经也会收集数据，但是数据收集策略的改变让大数据发挥了不一样的功效，在这种意义下我们曾对数据的本质做出过这样或那样的界定也就需要作进一步的反思，这甚至也会影响到我们以往的很多价值判断策略。

当新技术与旧观念聚到一起，将极为容易产生社会层面上的张力。公众对于信息技术的观念，很容易保持小数据时代的惯性。以隐私数据为例，在小数据时代的保护措施就是保护那些与个人隐私内容直接相关的数据，比如个人是否患有某类疾病的健康信息等，可以说在小数据时代做好此类数据的保护基本上可以保证健康状况不被人察觉。但到了大数据时代，可以根据某人过去的相关数据，“预测人未来的可能行为，预测与人相关事物的未来可能状态，通过强大的数学算法对大量数据进行处理、分析，由此来预测未来事情可能发生的状态”，① 这就意味着一旦某人的饮食习惯、睡眠习惯和运动习惯等数据被收集后，预测某人是否患有某类疾病并非难事——即便这些数据可能并非直接与健康状况相关。因此在小数据时代看似充分的隐私保护策略，在大数据时代已经显得非常的不保险。

从本质上来说，这是在信息处理技术已经对数据的观念和态度发生转变后，而公众尚未及时地对价值观念进行转换所造成的结果。从价值不明确、结构不明晰的数据中发现相关性甚至规律性是大数据能让世界为之惊叹的原因，但公众很难在使用网络的过程中注意到，那些与隐私非直接相关的数据可在数据挖掘技术下直接通向个人的隐私禁区，并且公众在发现个人隐私被侵犯之际，还极可能发现数据收集的授权方正是自己，如 Facebook 用户的遭遇就是基于他们在登录账户后允许 Facebook 方面的数据收集行为。

由此可见，如果说小数据时代用户隐私的侵害是因为黑客的“不告而取”，大数据时代用户隐私则是“众目睽睽”且在用户允许的情境下被大数据的控制者（主要是一些实力强大的信息技术公司）所掌控。造成这种情境的主要原因，就是大数据作为当今最先进的科技产物之一，其潜在价值的挖掘机制却只有少数人或团体可以掌握，这使普通用户与技术掌控者之间存在悬殊的信息不对称。虽然我们完全可以从“技术霸权”的角度来解读此类现象，但是这样容易让公众的“不改变”显得太过顺利，因而这里可以用一种更中性的说法，即在

① 李伦、李波：《大数据时代信息价值开发的伦理问题》，《伦理学研究》2017 年第 5 期，第 100~104 页。

科技公司掌握的技术发生范式革命后，公众价值观更新的滞后性，造成了公众相对被动的局面。

一方面是大数据技术持有者对信息“视如瑰宝”的理念，另一方面却是公众对普通信息“视如敝屣”的心态，只是当公众意识到个人数据被技术持有者利用之时，大、小数据两种思维范式及价值理念之间的冲突却已经揭幕。

二、大数据力主挖掘数据背后的“相关性”

大数据技术的厉害之处正在于，完全可以从一般公众看起来关系非常不明显的数据出发，经过整理和挖掘而得出可以直逼实际因果性的事实。

有一个具体的案例可以使我们更加直观地感受到从“相关性”跃迁到“因果性”后，给人们观念带来的冲击，这就是沃尔玛超市著名的“啤酒加尿布”案例。

想到和啤酒销售相关的商品，大家第一时间想到的很可能就是一些下酒的食品；如果说什么可能和尿布的销售相关，那么人们第一时间想到的极有可能是奶粉或婴儿的爽身粉之类的妇幼用品。然而沃尔玛的仓储数据却惊人地显示，啤酒与尿布的销量之间，呈现出非常明显的相关性。

接下来的故事则是，沃尔玛对于这种相关性虽然有所疑惑，但还是在啤酒货架旁悬挂了一些尿布，也在尿布的货架上悬挂了若干组啤酒。结果显示，这种做法还真的起到了促销的作用。超市的工作人员希望进一步追查这背后的原因，于是调看了超市的监控录像，他们意外发现同时购买尿布和啤酒的往往是西方家庭中的男主人，此时的女主人一般都在家中陪伴刚出生不久的孩子，不便离开，于是就请家中的男主人出门协助购买尿布。可是男主人一般除了为孩子购买尿布外，也不会忘记给自己买一些用于消遣或者解压的啤酒，这样一来啤酒和尿布的销售量高度正相关的现象也就出现了。在了解了这些情况后，沃尔玛超市开展了更多“啤酒加尿布”的捆绑式促销，使得销量进一步提升。

这个案例很典型地说明了现实生活中的“因果性”，会因为事态发展的各个环节的遮蔽或者事态相关数据收集的缺失，而逐渐跌落成为关系并不明显的

“相关性”，从这个意义上来讲，谁获得了更加完整的数据，也就更有可能接近事态的真相；而从另一个角度来说，很多具有价值的事态，极有可能被遮蔽在海量的信息中，而数据相对较为明显地展现出的“相关性”就是在昭示着被遮蔽的因果性的存在。

大数据时代所要面对的数据信息，会比“啤酒加尿布”案例更加丰富和复杂，但是案例却已经足以体现数据遮蔽与缺失让“因果性”以一种不完全的“相关性”出现的状态；它也揭示出，一旦通过挖掘、整理和综合让“相关性”复归到“因果性”的层次，那将会带来巨大的商业乃至政治价值。

从这个意义上来说，大数据时代的到来，也是数据信息战略地位极度提高的时代，谁的手中有更加完备的数据也就几乎等同于拥有更加丰富的资源。由此看来，我国政府将大数据的发展提高到国家战略的层次，是极富战略眼光的。

三、商业大数据成为营销决策的重要依据

怎样的消费行为才是合理的？什么样的商品才是值得购买的？未来可能的流行趋势是什么？这些问题在过去可能都是很难回答的问题，但是到了大数据时代很可能只是鼠标或键盘轻轻敲击几下就能获得答案的问题——甚至很多时候人们不用去做什么特殊的机器操作就能够得出这些答案。

可以说大数据在商业领域的应用是最为普遍，也是最能给公众带来切身感受的。纵观世界上有能力存储和处理大数据的知名公司当中，美国和中国的互联网巨头亚马逊和阿里巴巴都在其中，这两家互联网公司可以说在很大程度上左右了世界互联网购物的产业格局——相信绝大多数的美国消费者都曾和亚马逊打过交道，中国消费者的购物活动则很难绕得开阿里巴巴旗下的“天猫商城”和“淘宝网”。这里我们就以阿里巴巴旗下的购物网站及其相关的 APP 为例，来看商业大数据的构成机制以及现实作用。

前文提及大数据对“相关性”的追求时，我们将沃尔玛通过观测库存动态发现了啤酒和尿布的销量之间的相关性，并进而发现了这背后的因果性机理。对于阿里巴巴旗下的“淘宝网”和“天猫商城”平台而言，因为几乎全部的销售

天猫“双十一”

过程都发生在线上，所以其可以更好地对销售活动的实时动态进行更全面的监测。对于阿里巴巴集团而言，可以说，只用收集用户的订单数据，就足以构建成为一个不小的数据集，而阿里巴巴集团所做的工作还不仅如此！用户无论是在网页版的购物网站上，还是在手机 APP 上进行购物活动，除了订单信息之外阿里巴巴集团还会收集用户浏览商品的相关数据，并且它们不仅会记录用户所浏览的商品，还会记录浏览的次序甚至是时长等信息，尤其是对于那些曾经被用户加入到收藏夹或者是购物车中的商品，阿里巴巴集团的后台也会监控用户重复浏览的次数等信息。

如果对应到现实的购物过程中，阿里巴巴集团以上对于数据的监控，就相当于不仅记录下客户最后购买商品的信息，还记录下客户走入商场后，先后将关注点投向过哪些商品，并且记录下客户看这些商品的先后顺序，以及时长，甚至还记录下用户离店时“回过几次头”“驻足有多久”这样明显表现出“兴趣”或“不舍”的信息。

记录以上数据的意义是非常明显的：对于每个被记录购物行为的个人而言，个人的购物习惯乃至消费偏好都被非常完备地记录了下来，那么针对某个特定的客户，就完全可以根据其过往的购物数据推算出其购物的偏好，而对于商家而言就完全可以依据这些测算的结果向特定的消费者推荐特定的产品，这种推荐的成功率也是显而易见的——毕竟消费者喜欢什么就推荐什么，消费者看到的都是自己喜欢的商品。对于被记录购物行为的消费者群体而言，会因为消费行为的相似与否而形成相应分类，这样一来商家除了可以知悉客户的基本分类外，还可以清楚特定类型的客户的购物模式，那么当新的消费者到来时，商家完全可以根据该类消费者可能的消费习惯进行及时的判断，从而做出最为有效的应对行动。

由此可见，以阿里巴巴为代表的大型购物网站，对于商业大数据的收集工作做得相当全面，并且通过分析用户的消费数据，它们可以更加懂得消费者的消费心理，从而做出更加有效的营销手段，从这个意义上来说，商业大数据之中的确蕴藏着丰富的商机，因此也难怪人们喜欢称大数据是当代最为重要的商业资本。

四、医疗大数据推动医学的进步

除了日常的购物之外，大数据在医疗领域取得的进步也是非常令人瞩目的。让大数据走入公众视野的事件之一，就是 Google 集团通过挖掘流感疫情大数据而对北美流感疫情的发展趋势做出了准确的预测。

事实上，数据统计和医学进步之间一直有着非常紧密的关联。比如众所周知的艾滋病的发现，实际上医学界最开始发现其踪迹，就是依靠医学统计学。在最开始的数据统计过程中，医学专家发现这种“获得性免疫缺陷综合征”与性行为相关，因此早期将其理解为一种特殊类型的“性病”。但在后来更为细致的医学数据统计中，发现这种病症实际上并不只与性行为有关，有的是通过血液等各类体液传播的。

医学统计学发现了艾滋病这类病症的事实，说明了数据的收集与分析一方面可以反映一些病症的变化或传播机制，但是另一方面也说明一旦数据的收集不够完善，也就意味着我们无法获得对于某类病症比较正确的认识。艾滋病最开始被误认为只是一种性病就是一个佐证。基于这种认识就可以发现，医疗大数据的构建和挖掘将在很大程度上协助我们发现一些新型疾病，了解很多疾病的形成机制、发展趋势，甚至可以进而挖掘出预防和控制的办法。

前文提到的Google集团成功预测流感疫情的例子，实际上主要针对的就是广义的流行病的案例。对于此类疾病，当我们基本清楚病症的传播途径之后，也就可以明确其发展趋势，而大数据对于相关情况的收集会更加完备，因而所做出的预测也就理所应当地更加准确。针对一些人类并不十分清楚的病症，大数据则可以通过分析不同区域和不同时期产生相似病症的患者的切身经历，发现某些特定行为和罹患某类病症之间的相关性，这样就可以尽可能多地阻碍疾病的进一步扩散；有些情况下，可以通过分析海量的患者健康数据，明确哪些类型的体质的人更容易罹患某些特定类型的疾病，从而做到防患于未然。

除了针对社会大众医疗大数据的收集之外，我们还可以针对特定的家族，甚至是特定的个体而形成相关的健康医疗大数据。此类大数据的构建模式，就是系统性收集家族成员或者患者个体的健康数据。除了可以收集家族成员的既往病史，还可以收集他们的饮食习惯、运动习惯甚至是睡眠习惯等数据；如果聚焦于每个特定个体，还可以依靠随身的传感器，实时监控个体的各类数据和指标，现有的传感器已经不止可以实现对于个体诸如心率、血压乃至血氧含量的数据，即便对被测试者并没有发现的明显病症，传感器也依然可以监控得到被测试者的运动数据乃至睡眠状态等。在一种理想的状态下，医疗大数据要达到的目的就是能够通过数据模拟的形式形成一个数据化的潜在医疗对象群体，进而推断出相关群体的健康情况的动态信息。

由此可见，医疗大数据的构建，将极大程度地实现从个体到家族到社会的各个层级对象的健康状况的实时监控和预测，各类病症将得到更加有效的预防、干预和治疗。

五、大数据时代社会的数据化倾向及信息安全问题的全面升级

综合前文的论述可以发现，大数据系统的构建将会让更多的现实问题得到有效的解决，甚至可以有这样一种预想，在社会的全部进程都可以得到有效数据的情境下，大数据几乎可以实现对社会各类问题的解决，或提供有效的

协助。

当然这也就揭示了另一个非常重要的问题，当社会的方方面面都得到数据后，就极有可能获得其中的奥秘。纵然大数据的挖掘技术在当下不是一个非常普遍的技术项目，但是可以预见的未来就是，将有更多的组织机构能够从大数据中挖掘出有意义的信息，并从中获得可能正当也可能不正当的利益。因此可以明确的一点是，在大数据时代，信息安全问题将进一步得到升级。

前文在谈到大数据的预测能力时已经强调过，对于个人用户而言，以往我们只需要防范别有用心者来盗取能够直接关乎我们个人隐私的一些数据即可，但是大数据时代完全可以通过收集和挖掘那些间接相关的数据推定相关人员的隐私状况。事实上除了防范那些不告而取的窃贼之外，还需要防范的就是那些“告而取之”的各类软件的运营商。用户在安装前文所提到的阿里巴巴和亚马逊等公司发行的软件之时，实际上就要先对这些公司的用户数据收集行为表示同意，而事实上我们是否可以对这些运营方表示充分的信任是可以质疑的，只是此时我们不得不放弃对于相关软件的安装。从这个意义上来说，大数据时代，用户为了获得对于某些软件或者某些服务的使用权的前提是，让渡一部分自己在操作过程中产生的数据的所有权。在这种情况下可以去思考的问题就是，对于一个家庭而言，是不是每个成员都要使用某项服务，是不是每个终端都有必要去安装某些特定类型的软件的问题了。

那么除了用户之外，数据的收集方本身也将遇到相应的数据安全问题。因为大数据系统的收集、构建和挖掘是一个繁琐而且复杂的进程，很多时候单一的公司或研究机构无法独立完成相关工作，需要相应的分工合作。可这样一来，数据的所有权、处理权和利益的分配权就需要有明确的划定，尤其是对于原始数据所有者而言，能为数据的挖掘让渡多少个人利益就会是一个非常让人挠头的问题。还有一种可能的情境就是，当各方之间的利益关联已经商定以后，数据却在某个环节中出现了泄露等问题，相关的责任该由谁承担、怎么分配等都将是非常难办的问题。

总而言之，当大数据时代到来之后，人类社会关于数据的观念将会全方位发生转变，相应地也会产生诸多新的现象和新的问题，但是在数据化进程的大势所趋之下，社会应该做的是对这种趋势的积极适应，对相关问题做出积极的回应。

第三节　大数据与社会决策机制的变迁

“大数据”代表着科技的新进步，带来了观念的新发展，其对于事物的认知与预测能力，使其天然地适用于社会决策的制定，并带来社会治理机制的变迁。

当前理论界基本肯定“在技术革命引发时代变迁的视域下，大数据被视为一种积极的治理资源，提供了全面提升公共治理能力的契机”，① 认为大数据带来的“创新的治理模式不只是政府内部自身的数字化变革，还将是广泛深远的社会变革和管理方式的创新”。② 小到企业决策层面“在大数据背景下，特别是对中小企业而言，如何塑造企业可持续竞争优势已成为核心问题之一”，③“数据治理已成为企业实现智能决策的重要基石”；④ 大到国家战略层面“国务院正式印发《促进大数据发展行动纲要》以推动大数据的发展和应用”，⑤“大数据正在成为国家的重要战略资源，已是社会各界关注的焦点”。⑥ 可见理论界“对于‘大数据治理’寄予厚望，都将大数据技术的运用理解为解决政府治理

① 马海韵、杨晶鸿：《大数据驱动下的公共治理变革：基本逻辑和行动框架》，《中国行政管理》2018 年第 12 期，第 42～46 页。

② 于施洋：《国内外政务大数据应用发展述评：方向与问题》，《电子政务》2016 年第 1 期，第 2～10 页。

③ 刘力钢、刘建基：《大数据背景下科技型中小企业社会资本对动态能力的影响》，《科技进步与对策》2017 年第 21 期，第 64～72 页。

④ 苏玉娟：《大数据技术与高新技术企业数据治理创新——以太原高新区为例》，《科技进步与对策》2016 年第 6 期，第 47～52 页。

⑤ 许阳、王程程：《大数据推进政府治理能力现代化：研究热点与发展趋势》，《电子政务》2018 年第 11 期，第 101～112 页。

⑥ 于施洋、王建冬、童楠楠：《国内外政务大数据应用发展述评：方向与问题》，《电子政务》2016 年第 1 期，第 2～10 页。

难题的一个关键环节”。①

综观现有研究，总体而言，学者们在谈到“大数据治理”“大数据决策”等相关话题时，其关注点主要呈现出两种趋势：其一，关注于大的理论趋势，介绍或论证大数据应用于公共治理的前景与必要性；其二，回归到以大数据的视角分析地方政府或企业的数据管理，探讨改革的方向与阻力等。

本节将在此前研究的基础上，分析大数据为社会治理带来的新理念、新范式。

一、数据观念转变带来的对决策机制的批判反思

1. 数据的完整性高度提升

小数据时代为了追求精确性抛弃掉95%的数据样本反而是最大的不精确，大数据尽可能收集全部相关数据才是对数据所表征对象的尊重。

2. 数据收集的原则从“清晰”转向“全面”

小数据时代用已经成型的结构观念去寻找结构明晰的数据，就相当于过滤掉与已知因果规律不同的数据，大数据则是从数据全局出发，在意义并不明确的数据中发现其所指称对象之间潜在的相关性甚至因果性。

3. 数据的挖掘深度提升

芯片技术的进一步发展，和以“云计算”为代表的分布式计算技术，是大数据能够被深度挖掘的基础，小数据时代这些技术并不成熟，所以那个时代只能“抱残守缺”地分析少量数据，大数据时代让全局数据的分析成为可能。

在分析上述大数据取得的成绩时，同样可以发现过往的社会决策中可能出现的一系列不完美之处：

第一，数据获取的完整度不高。大数据问世前的各行各业均采取小数据的方法，社会治理所应用的数据也不例外，因而此前社会治理的决议极有可能已经错过了95%的、可能蕴藏重大价值的数据。

---

① 张翔：《“复式转型”：地方政府大数据治理改革的逻辑分析》，《中国行政管理》2018年第12期，第37~41页。

第二，数据甄选的原则较为教条。社会治理采取小数据的方法的初衷之一自然是要提高处理效率，但甄选数据时所习惯性采取的原则实际上负载了看待社会问题的一些固有观念，这就可能让相关数据的解读成为论证过往理论的教条，蕴藏着预测失灵的风险。

第三，数据挖掘的深度不够。受限于小数据时代的计算机技术水平和所获得的环境数据体量，以及对结构清晰的数据的迷信，导致过往的社会决策往往只是解读数据表象，忽略了数据背后隐藏的其他相关性或因果性。

由此可见，在大数据彰显其在理论与方法层面的优越性时，也恰恰是我们反思过往的社会决策机制可能存在的问题之时。

二、经典管理模式在大数据时代的局限性

社会决策的主要任务一般有两个方面：其一，是应对社会变化对公民生活造成的影响，其中最为极端的状况便是解决特定的社会危机；其二，是合理地开发和调配社会资源，力求社会的可持续发展。

小数据时代社会决策的表现可能有不尽如人意之处，社会决策功能的实现依附于相关部门的设置模式和管理机制，那么目前政府的管理与运作模式在何种意义上不适合于大数据应用，要做出怎样的变革才能为大数据留下可用武之地呢?

“过去100年间，政府机构的设置遵循了三种基本的公共管理模式”,① 这三种模式分别是韦伯模式、新公共管理模式和数字治理模式。

韦伯模式常被称为科层制度(Bureaucracy)。顾名思义，这种制度的特点就是政府部门内部有明确的等级划分，来自政府外的信息要层层上报，上级的决策也会层层下达。传统意义上，这种制度的信息传递载体是文书，权力的象征则是公职人员的签章。

---

① Clarke A, Margetts H. *Governments and Citizens Getting to Know Each Other Open, Closed, and Big Data in Public Management Reform*[J]. Policy & Internet, 2014, 6(4): 393-417.

新公共管理模式(New Public Management，NPM)之“新”，是相较于韦伯模式而言的。新公共管理模式当中相较于公务人员的等级，更强调的是将大型职能部门以流水线的方式进行分工，同时引入公共部门内部的竞争来激励公职人员的工作热情，信息的载体开始随现代信息技术的发展而增加了电子邮件和电子文档等形式。

数字治理模式(Digital Era Governance，DEG)，是进入21世纪以来，随着信息化程度的提高，政府开始将公共治理的数据化作为工作要务之一，甚至将公文和往来电话等进行数据化，并同时增加政府与外界沟通的新技术渠道及相关职能部门的一种管理模式。

大数据问世前，政府管理经历的“韦伯模式—新公共管理模式—数字治理模式”的进程，也是信息技术应用逐步深化的过程，又是管理模式从封闭走向更加开放的姿态的过程。在韦伯模式下，并非所有的文书都能顺利递送到政府部门，并且文书中蕴含的数据不但要经历一个缓慢的过程才能层层传递，文书间的不可通约性也让其蕴含的数据失去了动态性与关联性；这种状态在新公共管理模式下虽然有所好转，但政府获得信息与数据的渠道依旧维持着相对传统的模式，政府对于信息与数据的解读和处理更是依然保持一种与外界隔绝的状态；到了早期的数字治理模式下虽然情况会有所改观，但在大数据时代以前，政府部门获得的依旧只是海量数据中结构化清晰的那5%左右的数据。

从政府部门等级设置的角度来看，大数据时代之前的经典管理模式，在本质上都是韦伯模式及其改良形式，现实中“科层模式依然以重叠、补充或竞争的形式……成为当代民主国家的一部分”,① 后期的改变虽然可能增加政府部门内同层级的横向竞争，但是依然改变不了上下级之间明确的等级差异，只是在新公共管理模式下这种等级差异体现在“流水线”上，数字治理模式将传统意义上象征权力的“签章”转变为了“数据访问权限”等。

从数据的获取与流动的角度来看，经典管理模式下政府部门的设定主要有

① Johan P Olsen. *Maybe It Is Time to Rediscover Bureaucracy*[J]. Journal of Public Administration Research and Theory：J-PART，2006(1)：1-11.

两个特点：其一，政府部门相对于外界的封闭性造成外界数据获取途径的单一，这其中不仅包括政府相对于广义的公民社会的封闭，还包括政府部门间的相对封闭，这一定程度上阻断了数据的获得与传递；其二，决策权力的适用与决策资源的利用成反比，政府部门等级制度几乎对应于信息数据的传递层级，因此来自政府外部的信息每次从低层向高层传递时都会经历一次筛选过滤，这导致决策权力越大的高层做出决策时反而可能利用到的数据等决策资源更少。

在小数据时代，经典管理模式的上述设定方式其实是增加办事效率的有力措施，但是大数据时代，随着数据观念的转变和信息技术水平的提高，这些过去提高效率的良方，反而就成为阻碍大数据集合构建的局限性之所在。

三、社会治理大数据的构建呼唤政府部门的开放性

在以往的社会决策中，经典管理模式中的上述局限性在政府部门中体现得相对明显。即便是进入 21 世纪，数字治理模式让政府的办公流程进一步数字化，但在政府内部，“各部门根据自己独立的业务需求联合三方，开发了具有不同标准、不同接口、不同数据标准的互不关联的信息系统，各部门缺乏合作和数据共享”,① 此类数据“由于各系统相互封闭、无法进行正常的信息交流，犹如一个个分散、独立的岛屿，因此被称为信息孤岛”。②

对于过往的政府部门而言，“信息孤岛”现象几乎普遍存在。以政府的环境决策为例，林业部门与海洋部门可能“鸡犬之声相闻”、环境治理部门与国土资源部门可能“老死不相往来”。同时，在以往的公共治理中，作为整体的政府部门的数据也往往处于一种与外界无有效关联的状态中，这些无法形成有效关联，也很难进行彼此转译的“数据孤岛”必然难以达到大数据的应用要求，大数据时代的到来也宣告以往部门间分割数据各自为战的做法不是最适应这个时代需求的做法；同时，政府也应该在整体上通过开放一些政府数据，来改变与公民社

① 赵怡康、李大威、邓兆华：《生态文明中大数据如何打破“壁垒”消除“孤岛”》，《山东林业科技》2017 年第 6 期，第 89~92 页。

② 胡维维：《大数据环境下高校电子档案工作的思考》，《中国高等教育》2017 年第 12 期，第 61~63 页。

会之间略显隔绝的状况，进而让双方的数据资源共同形成大数据的一环。

结合此前分析，想要大数据技术在社会决策中有用武之地，那么政府的管理机制就应该有所改变，尤其需要以一种更加开放的模式对待数据的获取与处理问题，进而构建一个用于表征社会状态的社会治理大数据系统。这至少包括两方面的任务：其一，政府部门获取相关数据的渠道要更加开放，避免像韦伯模式或新公共管理模式那般单一依赖公务人员的情报体系，同时接受科研院所、社会组织乃至普通公众提供的信息数据，它们与政府机构通过自身的数据的集合，才能共同构成有效的大数据系统；其二，加大政府部门对数据处理方式的开放性，不仅要求各个相对独立的政府部门要对数据处理的结果作必要披露，社会治理自身的复杂性还使得单一的政府部门极可能无法独立完成数据的分析处理，因而需要与其他政府部门、互联网企业或科研院所联合进行数据挖掘。

四、政府改革须与大数据的功能实现协同一致

从小数据时代到大数据时代，与其说大数据为社会治理带来理念的转变，不如说大数据时代才让社会决策的治理资源，真的契合了社会发展本身的复杂性和普遍联系性等特征。但同时需要指出的是，大数据时代无论是数据分析的对象，还是数据挖掘的方法均与以往不同，大数据并非简单的小数据叠加的结果，而是一场厚积薄发的、在理论预设和方法论层面全面变革的技术革命，并且事实表明大数据挖掘技术具有较高的复杂性，这就意味着短期内，希望政府部门通过改革，就能够完全自主构建一个大数据系统是不现实的。在这种情况之下，需要贯彻的思路就是，政府各部门的改革并非是要让它们各自构建一个完整的大数据的技术系统，而是要让政府部门的改革方向能够与大数据的功能实现协调一致。

基于以上认识，政府改革将主要发生在以下一些方面：

首先，管理理念上，决策权力须让位于大数据挖掘。社会决策在当代有更加明确的数据依赖。众所周知，社会本身就是高度复杂化的实体，一些社会变化会来得猝不及防，一些看似影响较小的干预行为真的投入到社会环境中又极有可能带来真实的“蝴蝶效应”。因此，在社会决策中，“让权力说话”相比于

“让数据说话”而言是一种局限性更强的决策模式，政府改革中首要的任务就是理念层面上弱化行政权力的地位，提升大数据挖掘结果的决策地位。

其次，在部门建制上，设立政府部门之间，以及政府与公民社会间的沟通窗口，在技术支持上增加可联通的数据接口，疏通大数据的应用通道。单一的政府部门自身无法构建完善的大数据集合，但全部的大数据资源，其实已被各级部门和公民社会上其他组织等所分散持有。因此在行政职能上，政府的改革方向就是在部门间增加沟通的渠道，政府本身也要向社会组织设立沟通的窗口，并且其中最为重要的技术支持就是，相关部门之间，以及政府与社会组织之间应该设立可以有效沟通和转译的数据接口，从而保证大数据以分布式存储的方式为大数据技术所用。

再次，实现大数据的跨区域收集、挖掘，极力保障数据的整体性。社会决策往往需要面对一个庞大的社会事件，这样的社会事件极可能跨越了地方政府的行政区划。常见的情形是，地方政府部门相对会更加关心与本地区直接相关的数据，但其实与社会事件的完整性相一致的是，大数据自身的完整性也需要得到尊重。因此，无论在数据收集还是运用层面，需要做到的是以数据所属的整体的社会事件为导向，而不让行政区划作为大数据运作的壁垒，明确同属一个社会事件中的各行政区域是名副其实的“命运共同体”，充分保证大数据对社会事件的整体认识，从而保证其对事件发展预测的全面性与准确性。

最后，与科研院所、社会组织和互联网企业等协作，共建长效的大数据系统。社会决策模式的早期改革，可以是以专家咨询和定制服务等方式，增强政府与科研院所和互联网企业的合作，此类合作的特点是以案例为导向，并且合作的成本也相对较低。但社会决策的职责任重道远，因此更加理想的状态自然是政府、社会组织、科研院所和互联网企业等多方合作，共同构建一个数据系统，实现对于数据的全面收集与实时更新，从而保证政府对社会发展状况长期有效的认知，让社会决策时刻有的放矢、行之有效。

综上所述，社会治理需要直面复杂的社会发展，具体社会事件的复杂性决定了相关数据在性质上的复杂和在体量上的巨大，这使大数据技术成为社会决策的最优工具之一，但是为了适应大数据的应用，社会治理需要对以往的管理模式做出必要的改革，甚至经历必要的阵痛。

第四节　大数据时代范式转向的阻力与挑战

任何时代变革都是机遇与挑战同在，那么排除理想化的情境，在现实中大数据时代可能遇到的阻力与挑战又是什么呢?

正如前文所述，大数据时代的到来意味着一次以数据应用为线索的思维范式的转换。新旧范式之间发生转换的阻力也分别来自新旧范式本身：在新范式方面，新生事物本身难以避免有一些不够成熟之处，并且其推行将极有可能挑战人们的接受能力；在旧范式方面，当旧范式依旧有较强的问题解决能力，范式危机未全面爆发之时，社会就容易保持应用旧范式的惯性，直到新范式的优越性彻底展现为止。

至少就现阶段而言，大数据为社会决策带来的范式转向，依然是理念层面多于现实层面，其中最为直接的表现就是技术的支持还尚未完善，并且技术的推广也必然有已知和未知的疑难，因而其优越性展现得还不充分；同时，经典管理模式下的社会决策依然发挥着作用，并较好地应对了一些环境疑难，这意味着旧的管理方式将在很长一段时间内依旧存在。

因此，社会治理在大数据时代的改革，必然会经受新范式的不成熟和旧范式的使用惯性所带来的阻力与挑战。

一、数据高度资源化可能提升社会决策的成本

数据固然是大数据之本，大数据应用的“第一位的要求，是建设作为大数据载体的数据库群，其既包括硬件设施，也包括数据库群分布、数据入网标准、共享规则等软件建设”,① 换言之在大数据时代当所有数据都可以被视为

① 闫奎铭、孙雍君：《大数据时代的认知转向及其对科研管理的影响》，《科技进步与对策》2015 年第 20 期，第 101～106 页。

有开发潜力的资源，那么特殊类型数据的持有者、先进的数据处理技术的拥有者，以及数据入网与共享规则的制定者等，他们各方面的社会地位都会随着数据价值的提升而提升。

大数据系统的完整构建，包括数据采集、存储和处理等过程，但对于政府尤其是地方性政府而言，独立地研发出全部的技术要素，并完全自主运作整个大数据系统是非常不现实的，这就意味着“合作共建”的必要性，但其中却也有深层次的隐忧。

以环境决策为例，当某一地方政府急需某一特定地理区位的环境数据，大数据带来的数据高度资源化的思潮，将极有可能让一切相关数据都可“待价而沽”；同时在数据挖掘方面，非开源的数据挖掘工具同样会受到知识产权的保护，从市场经济的规律来看，当数据挖掘的市场需求增加时，数据挖掘服务的成本也将大大提升——从这种意义上看，大数据的构建，不仅将是一个长期的工程，同时也将是一个需要大量资金支持的工程。

同时需要注意的是，一旦社会决策形成了对于大数据的依赖之后，决策过程中所产生的历史数据和过程数据等，就会形成新的数据集合。即便对于某项特定的决策而言，这些数据本身可能已经失去了价值，但是这些数据却可以相对准确地反映出政府的抉择机制和偏好倾向，这对于希望同政府打交道的社会组织而言意义非同凡响，因此即便是看似没有明显意义的历史数据或过程数据的管理同样需要小心谨慎，如何防范这些数据信息被进行市场化运作，将是另一个社会难题。

由此可见，大数据时代数据的高度资源化特征，很可能让对数据有依赖性的社会决策的成本提升。因此，在过往的社会决策模式没有出现明显的失灵的状况之时，基于大数据系统构建的决策机制，将极有可能被悬置甚至搁浅。

二、社会的高度数据化是大数据系统构建的基本难题

理想的状态下，依靠大数据系统的建构与挖掘，将是社会决策的重要治理资源。但是社会的数据化的难度与其自身的复杂性是成正比的，如何解读各类社会现象的价值也一直是学界的难题。

同样以环境治理为例，“通过生态系统的结构、过程和功能直接或间接得到的生命支持产品和服务”目前被学界称作生态系统服务研究，并且“其价值评估是生态环境保护、生态功能区划、环境经济核算和生态补偿决策的重要依据和基础”。① 在研究中还可发现，生态系统服务的类型还可以细化为“供给服务、调节服务和文化服务，以及维持其他类型服务所必需的支持服务”。② 我们从中可以发现，生态系统服务中，既有可以直接量化的关于水、土地等资源总量的变化趋势的“供给服务”的价值，又有难以量化的由自然景观的美学与艺术价值等决定的“文化服务”的价值，这些价值是否都可以量化，量化的过程中又应该遵循怎样的标准无疑是自然环境的数据化所无法回避的难题。

在日常的社会生活中同样会遇到同样的难题，比如不同民族的人口基数会有所不同，那么人口个体对于社会的影响力参数应该如何设定才更加合理？不同地区会有不同的地方风俗，这些风俗的意义又如何以量化的数据进行表征呢？还有一些面部识别系统是根据其所识别的表情所体现出的“愤怒”或“愉悦”的程度，来断定其是否可能做出危害社会治安的过激行为，但正所谓“知人知面不知心”，这样的转译方式是不是反而可能造成一些不必要的误导呢？

由此可见，虽然在理念层面上大数据时代的到来，带来了对关于世界的数据更加完善的收集，但是至少到目前为止，关于社会的数据表征都可能依然是不够完整的，并且已经做出的数据表征，转译的机制与标准也并不是不受质疑的，并且不同的组织在对相同的社会现象做出数据转译时，依然可能存在数据间的不可通约问题。从这种意义上说，社会治理大数据的构建本身将极有可能成为一个“勉为其难”的尝试，需要承担巨大的风险。

三、数据的共享与保密之间的张力

大数据发生作用的基本机制就在于，它通过收集和挖掘历史性与当下的数

---

① 谢高地等：《基于单位面积价值当量因子的生态系统服务价值化方法改进》，《自然资源学报》2015 年第 8 期，第 1243~1254 页。

② 傅伯杰、张立伟：《土地利用变化与生态系统服务：概念、方法与进展》，《地理科学进展》2014 年第 4 期，第 441~446 页。

据，对事物未来的走向做出预测。“大数据技术用空间压缩时间：它能够存储过去，表征现在，预测未来，人们的过去、现在和将来似乎可以在某一时刻共时性地呈现出来”,① 换言之在一种理想的状态下它可以被视为一个无所不知甚至全知全能的“上帝”。

一旦社会决策形成了明显的数据依赖，相关的决策行为也会形成一系列的历史数据。政府方面对历史数据的披露，就相当于披露了时任政府的社会决策的过程与结果，并且用今天的视角来看其中难免有瑕疵甚至是失误。这对于直接受到决策影响的公众而言，将是一种巨大的刺激；这对于政府部门而言，虽然也是一次反思的契机，但并不一定有利于政府公众形象的树立。

对于当下相关数据的披露，则相当于向公众展现了政府决策全过程。由于社会问题很多直接同公众的生活相关，这将必然激发公众参与相关议题的热情。然而公众参与对于社会决策而言是一把双刃剑：一方面，公众参与会有利于民主进程的推进，也让政府的决策更加透明化；另一方面，公众对于决策的认知往往带有感性色彩，对于具体决策也会有显著的“邻避效应”，更加广泛的公众参与极有可能让已经经过严格论证的决策无法施行。

除了正常渠道的数据披露之外，在考虑到“黑客”的恶意攻击行为，以及内部人员有意或无意对数据的泄露甚至是倒卖，又将对政府的决策安全，以及社会的稳定运行带来更多的挑战，与社会治安直接相关的政府部门的压力将更加巨大。

因此，做不到数据的有效共享，那么大数据的构建就无从谈起；但是放弃一些数据保密工作将极有可能为社会治理工作增添不必要的阻力。从这种意义上说，过往社会决策中的“保密原则”，完全可能成为大数据构建的实质阻碍；而大数据倡导的数据“共享原则”，则极有可能成为数据不当使用的隐患。

四、政府部门权力的去中心化与社会决策执行力弱化之间的问题

从一般意义上说，管理和决策之难就在于“你无法管理自己无法揣度之

---

① 张学义、彭成伦：《大数据技术的哲学审思》，《科技进步与对策》2016 年第 13 期，第 130~134 页。

物……但因为大数据的存在，让很多管理对象变得可以推测”,① 并且大数据已经取得的成绩，让其本身显得更加的可靠，这甚至让一些学者给大数据起了一个“决策上帝”的名号。

让政府融入大数据决策的前提是，政府部门本身要相对弱化其权力机构属性，并且决策将从原有的政府权力主导转向数据挖掘结果主导。然而一种可能的情况就是，当政府并不是唯一能够获取大数据并对其进行挖掘的机构时，其他机构先于政府披露社会发展趋势或对于社会问题做出与政府不完全一致的判断时，政府相关决策的权威性将受到进一步的挑战。

这就意味着，虽然政府部门可以通过让渡行政权力，实现与其他组织机构共建和共享大数据的成果，但是随着政府权力的去中心化，决策话语权也从行政机构导向变成数据挖掘导向，那么伴随着大数据“决策上帝”地位的确立的，就是政府制定的决策的公信力的降低、相关决策的执行力的弱化。

从这种意义上说，社会治理当中技术手段所占据的地位将更加重要，甚至在一种相对极端的情况下，以“决策上帝”的姿态出现的大数据及相关的技术要素的实际持有者将直接取代政府的地位；而数据更全面、技术更优者则又会不断取代相对的弱者，让社会陷入一种相对动荡的状态下。

由此可见，对决策的执行力的追求，很可能使政府成为大数据应用改革中的阻力；但如果大数据被抬高到“决策上帝”的地位，也将是政府的社会决策走向无序与无力的开始。

五、大数据的价值增加数据决策的风险

此前认定基于大数据所做出的决策具有有效性的重要原因就是，我们实质上预设了数据本身是对于客观世界或者说具体的社会进程的最为忠诚和中立的转译，但事实上这一预设并非如我们想象的那么牢靠。

在数据化的过程中，可以选择的技术手段其实是多样的，客观事物自身产

① McAfee A，Brynjolfsson E. *Big Data：the Management Revolution*［M］. Harvard Business Review，2012：4.

生的数据本身也是多样的，这就意味着，即使我们期待获得更加全面的数据，但是在数据采集阶段却不可避免地有所取舍。这也就意味着，数据自身并不是我们所想象的那样是天然中立的，而是在其采集和转录的过程中已经有了人为因素在其中，无论是采录的数据类型的选择，还是技术手段的选择都说明人为因素可以有效地左右数据集合的构建，从而让数据拥有了价值与理论负载。

这就和哲学上非常著名的“观察渗透理论”的论题非常类似。在哲学史上，“汉森的‘观察渗透理论’说是针对逻辑经验主义的中性观察语言说提出的，认为观察是渗透着理论的，存在着由语境和背景知识所影响的组织模式的参与。观察不是感觉资料与知识语言的混合物，而是感觉资料、知识和语言交织到观察的过程中”,① 并且“因为既然观察陈述总是具有某种理论负荷。那么理论中立的‘经验事实’显然不存在，所以‘经验’并不具有对理论陈述的判决性的优先地位”。②这里所提到的理论，结合到我们今天所提到的大数据的采集的问题，就是上面所说的技术手段的选择等问题。

尤其值得注意的是，无论是通过传感器收集的数据或是人工输入的数据都会如此。这是因为，实际上“科学仪器是感觉的工具，同时也是具有特定的‘技术解读’方法的测量工具”,③ 换句话说，传感器本身的设计当中就已经蕴含了技术的选择，因此可以说，“原始数据的获取是科学数据产生的第一个阶段。原始数据是通过观察、测量等手段和方法产生的未经任何处理的数据。在此过程中，似乎原始数据仅仅与测量仪器和方法有关，但是对仪器的设置和方法的设定都是研究主体对已有理论和经验的综合应用。因此，理论对数据的渗透在此阶段已经产生影响，只是对不同的原始数据理

---

① 朱晨获：《强渗透和弱渗透——科学认知过程中的“观察渗透理论”》，《自然辩证法研究》2009 年第 12 期，第 27~32 页。

② 徐竹：《具体情境下的“经验”概念——从对“观察渗透理论”命题的批判说起》，《自然辩证法研究》2006 年第 6 期，第 29~32 页。

③ Don Ihde. *Instrumental Realism: the Interface between Philosophy of Science and Philosophy of Technology*[M]. Bloomington: Indiana University Press, 1991: 79.

论渗透的程度不同而已”。① 从这个意义上来说，传感器通电的那一刻，转译信息的方式以及数据的选择就已经开始。

这对于政府决策可能造成的风险是显而易见的，因为技术的介入让大数据系统的构建从数据收集的那一刻开始就显得有些先天不足，甚至也可以说，传感器设计者本身就在左右着政府可以获得数据的类型，甚至在技术层面上存在着从源头就修饰数据的可能。

而到了数据的挖掘阶段，赋予数据新的价值将更加容易。前文已经提到大数据本身的价值密度是较低的，因此为了获得有效的数据处理结果，一般可能进行的操作就是要对数据进行必要的洗练，以缩小需要处理的数据的总量，但在数据洗练的过程中，极有可能出现的情况就是将某些实际上具有重要意义的数据有意过滤掉，而将一些相对次要的信息作为主要的处理对象；除了洗练之外，数据挖掘阶段还可能对于相对碎片化的信息进行整理，以求还原事态的真相，就像影片剪辑的“蒙太奇”手段一样，数据的修饰也可能让其展现出偏离真相，甚至与真相截然相反的结果。

综上所述，无论是大数据系统的构建阶段还是大数据价值的挖掘阶段，其本身并不一定能够做到充分的价值中立，甚至在很多的环节中可以做到人为地赋予数据一些明显的价值倾向。如果政府的决策是基于此类的大数据系统，那么政府制定决策的依据已经不够可靠，相关决策的效果就极有可能只是代表某一小部分人的利益。如果政府在制定决策的过程中处于一种被误导和被利用的状态，那么将大数据作为抉择依据将可能为社会带来难以估计的风险。

六、余论

大数据作为信息技术的最新产物，其问世无疑具有划时代的意义，但是同时由于大数据是一种新兴事物，其技术本质又十分复杂，这就决定了它在很多时候是以一种技术黑箱的形式出现在我们面前，如果只从宏观上探究其所带来

① 刘红：《“数据—理论—观测—现象”四元论——对数据客观性和精确性的探讨》，《自然辩证法研究》2014 年第 2 期，第 94~100 页。

的理念转变的积极影响，那么大数据完全可以被塑造成“救世主”的形象；不过如果刻意强调技术的风险性和不确定性，那么大数据“上帝之眼”的形象，也着实可以引发社会的恐慌。

不可否认的是，大数据对于全局数据的追求，以及对数据的结构性迷信的摒弃，对社会决策的确带来了醍醐灌顶的感觉。政府与外部、政府部门之间的沟通不畅，是不是在很大程度上已经肢解了原本可能更加完整和成体系的社会治理数据？为了追求工作效率而洗练掉部分原始数据的做法是不是反而可能让我们距离真相更远？——大数据时代带来的这些问题直接叩问决策管理者，启发性不言而喻，它们直指过往决策机制中可能存在的僵化与弊端。

加大政府部门的开放性、加快政府的数字化进程，以及推进政府与其他社会组织的积极合作，都可以顺理成章地成为社会决策机制改革的大方向，然而不能忽视的是，政府公信力和决策执行力对任何政府部门而言都不能轻易放弃。因此，在大数据看来能为社会决策的改革带来希望的曙光之时，是不是意味着不惜一切代价构建大数据系统就是可行的，大数据决策的有效性就是无条件的？政府部门是不是可以为了大数据的构建与应用尽可能地让渡其权力地位？——当大数据提出的改革方向，与社会决策中可能发生的问题相遇时，这些问题又让我们对大数据技术的应用，以及大数据自身可能存在的局限性展开反思。

大数据来到了属于它的时代，社会决策则会在未来很长一段时间紧扣时代的脉搏，两者的不期而遇，将擦出属于新时代的火花。而属于大数据的时代，不意味着它应该异化为一种技术崇拜；社会决策的机制顺应时代而变，却不意味着要在大数据面前彻底交付决策的权杖。让这种新兴技术走下云端步入世俗与社会共呼吸，让政府的权力脱离庙堂的束缚融入深远的江湖，这将为未来的社会决策改革谱写新的篇章。

第八章　人工智能的社会回应

第一节　人工智能对社会的挑战

人工智能(Artificial Intelligence)，英文缩写为AI。20世纪50年代，美国计算机科学家约翰·麦卡锡及其同事在达特茅斯会议上提出了人工智能的概念。经过60多年的演进，人工智能加速发展，呈现出深度学习、跨界融合、人机协同、群智开放、自主操控等新特征。人工智能是引领未来的战略性技术，已成为国际竞争的新焦点。作为新一轮产业变革的核心驱动力，人工智能已成为经济发展的新引擎。人工智能在教育、医疗、养老、环境保护、城市运行、司法服务等领域的广泛应用，带来了社会建设的新机遇。然而，作为影响面广的颠覆性技术，人工智能发展的不确定性也带来了很多新挑战。① 科技界和学术界普遍认为，人工智能的发展将经历弱人工智能、强人工智能和超人工智能三个阶段，从总体上而言，当前尚处于弱人工智能阶段。本节主要讨论现阶段人工智能对人类社会诸多方面造成的冲击和挑战。

一、人工智能的应用可能威胁人类安全

随着技术的进步，工业机器人被广泛地应用于制造业等部门，将人类从危

① 参见2017年7月8日国务院发布的《新一代人工智能发展规划》。

险场所或繁重的劳动中解放出来，但工业机器人造成的人身伤害事故也时有发生。日本、美国、德国、印度、中国都曾发生过工业机器人致人伤亡的事例。2015 年 7 月，德国大众汽车制造厂一台机器人突然“出手”击中一位正在安装和调制机器人的技术工人胸部，并将其碾压在金属板上，导致该工人当场死亡。2018 年 9 月，芜湖市经济开发区某企业内，一名工人在给搬运机器人换刀具时，突然被机器人夹住，因伤势过重，最终不治身亡。2018 年 12 月，美国新泽西州亚马逊一个仓库，一台机器人刺穿了一罐从货架上掉下来的喷雾剂，导致数十名员工被送往医院治疗。① 在弱人工智能阶段，机器人并没有自我意志，不会自主、有意识地攻击人类，但如果存在人为的编程错误或操作失误，就可能发生事故。

最近几年，围绕自动驾驶汽车所发生的事故越来越多，其多半是由于人类司机在驾驶汽车上出现行为不当，但也有一些属于人工智能技术问题。2016 年 1 月，京港澳高速河北邯郸段发生一起追尾事故，一辆特斯拉轿车撞上一辆正在作业的道路清扫车，轿车当场损毁，司机不幸身亡。调查结果显示，事故发生时，涉事轿车开启了无人驾驶功能，但没有刹车和减速的迹象，也没有采取任何躲避措施。2016 年 5 月，一辆特斯拉在美国佛罗里达州高速公路上与一辆垂直方向开来的挂车相撞，导致驾驶员不幸遇难。调查报告称，在强烈的日照条件下，驾驶员和自动驾驶系统都未能注意到拖挂车的白色车身，因此未能及时启动刹车系统。② 2017 年 11 月，美国拉斯维加斯一辆投入运营的无人驾驶巴士与一辆卡车发生碰撞。在卡车倒车时，巴士已经探测到了前方车辆并且停车，但其车后尚有 2 米的空间，在探测到前方车辆倒车时，完全可以后退避让，然而该车的处理方式只是停车，可见其程序设置存在问题，处理方式仍然有待改进。③

更为严重的是，人工智能技术已经被用于开发武器，运用于实际战场。人

---

① https://www.gg-robot.com/asdisp2-65b095fb-65800-.html。

② http://tech.163.com/18/0321/06/DDDE6O1S00098IEO.html。

③ https://tech.sina.com.cn/it/2017-11-13/doc-ifynstfh6722229.shtml。

工智能机器代替军人，不仅节省了雇佣军人的经费，又存在攻击速度快、准确性高、不用休息等优势，并且能够抵达人类不可及之处，能更好完成战争任务。但人工智能机器没有思想没有感情，因而会存在伤害无辜生命的可能与危险，例如机器人武器很难做到和人类一样区分平民与军人、有战斗能力的军人和丧失战斗能力的伤病军人及战俘，而且人工智能武器可能成为独裁者和恐怖分子残害无辜的手段，或者被黑客挟持而危害人类。2015 年国际人工智能联合大会上，物理学家斯蒂芬·霍金等 1000 多名人工智能领域专家联合谴责人工智能时代的军备竞赛，呼吁禁止自主武器。2017 年国际人工智能联合大会上，116 位机器人和人工智能公司创始人发表公开信，呼吁联合国在国际范围内禁止“致命性自主武器系统”的使用。一些人工智能公司、国际组织也纷纷呼吁禁止致命性自主武器系统的研发，但迄今为止国际社会仍然没有就致命性自主武器系统问题达成统一认识。

人工智能在向更高阶段发展时，还存在不受人类控制的可能，并与人类形成竞争甚至是敌我关系。此时，人类安全将受到极大的威胁。之所以可能出现这样的状况，主要有两个原因：其一，人工智能系统对设计者或控制者发出的指令无法理解，或者以错误的方式进行解读，结果可能是对指令的错误执行。其二，人工智能技术的“黑箱”特性也影响其应用的安全性。由于深度学习算法具备一定的自我进化能力，即使开发者也无法精确控制人工智能的决策过程，从而可能导致意料之外的负面后果。①

二、人工智能的发展会带来失业问题

机器人是人工智能技术的主要研究成果。国际机器人联合会发布的 2018 年度《世界机器人报告》显示，2017 年全球的工业机器人销量高达 38 万台，到 2020 年，全球的工业机器人数量将达到 300 万台。据国家统计局数据显示，2018 年 1 月至 5 月，中国工业机器人产量在 6 万台以上。机器人产业的迅速发

① 徐锐：《论我国人工智能的伦理规范建设》，《岭南学刊》2019 年第 1 期，第 111～117 页。

展，将人类从繁重的劳动和危险的工作场所中解放出来，节省了大量的人力资源和物力资源，大幅提高了企业的生产效率，有效弥补了一些国家老龄化社会带来的劳动力不足以及经济增长放缓等问题。

但是，大量机器人被投入工业生产和服务行业，将直接导致这些领域的失业问题。2016 年初，牛津大学研究人员经研究认为，在 10 年至 20 年内美国将会有 47%的职位面临被人工智能取代的危险，在英国这个比例是 35%，日本则高达 49%。容易被取代的职业包括普通文员、出租车司机、收银员、保安、大楼清洁工、酒店客房服务员等不需要特殊知识和技能的职业。① 2017 年 11 月，美国麦肯锡咨询公司发布了一份题为《未来的工作对就业、技能与薪资意味着什么》的报告，预测到 2030 年全世界将有 3. 75 亿人因机器人和人工智能的大规模普及而改行，有 8 亿人会失业，即使是保守估计，也将有 4 亿人面临失业风险。其中，机器操作员、快餐店员工、后勤人员、抵押贷款经纪人、律师助理、会计、文员、银行职员等职位受到的冲击最大。②

尽管人工智能技术的发展也会创造一些新的工作岗位，但是从总体上来看，岗位需求会有较大幅度的减少。这些新工作所需要的技术能力远超目前大多数工人所具有的能力，也就是说，新岗位对学历和工作技能的要求会有很大提升，大学乃至更高学历要求的岗位将大大增加，而且根据市场供需关系，那些需求下降的岗位，也将面临工资下降的窘境。

无论是造成失业还是工资下降，或者是重新学习新技术而转岗，都将对社会造成很大的影响。其一是可能引发社会秩序不稳定，其二是大量失业会给现有的社会保障体系带来极大压力，其三是需要政府和社会开展适应市场需求的新技能培训，为摩擦性失业人员重新就业提供帮助，其四是人工智能对就业产生重大冲击所引起的心理健康问题。正如学者所言，由于机器人对人类工人的取代，在不远的将来，失业人员再培训和再就业、因人工智能导致的失业者和贫困者的心理健康问题，以及一部分人因人工智能获得财富与自由，另一部分

① http://www.xinhuanet.com/world/2016-01/03/c_128590714.htm。

② http://finance.sina.com.cn/roll/2017-11-30/doc-ifyphkhk9053570.shtml。

人却失去工作导致贫富差距的增大和社会公平正义的失衡等问题亟待研究解决。①

三、人工智能可能会侵犯个人隐私

大数据是人工智能发展的基石。人工智能的发展离不开大数据的积累，通过大数据相关算法，可使人工智能具备更加显著的问题解决能力，但这也使个人的隐私受到了威胁。一般来说，除某些国家公职人员应当依照规定公开特定个人信息之外，任何公民的家庭住址、联系方式、基因信息、病历资料、犯罪记录、私人活动等信息都属于个人隐私，应该受到法律的保护。但是，随着科学技术的快速发展，人工智能技术逐渐渗透到社会生活的各个领域，用户在享受智能产品带来便利的同时，其个人信息被人工智能产品泄露的风险也大大增加。

在过去很多年里，人们对大数据使用中的隐私风险重视不够，以致企业对用户数据的收集使用达到了无节制的程度，导致"数据丑闻"在近些年集中爆发。例如据美国 NBC 电视台报道，IBM 从 Flickr 网站上抓取了近 100 万张照片用于训练人脸识别算法，包括一些摄影师拍摄的人脸图像以及自拍照，但当事人对此毫不知情，尽管 IBM 是为了改善既有 AI 人脸识别存在的偏见问题，但出现在数据库中的照片却没有征得本人同意，因此引发了公众关于侵犯隐私的质疑。据 CNN、NBC 报道，类似的公司也常从 Flickr、Instagram、YouTube、Facebook、Google 等网站以及图片库，免费抓取人脸图像以喂食算法系统。这些训练并不仅仅是学术研究，最终会被拿来赚钱。②

人工智能的发展主要依靠两种方式，一是大数据挖掘，二是深度学习，人工智能系统通过获取海量、多样和实时的数据来训练学习算法。在这个过程中，个人的很多重要信息，如健康信息、位置信息、购物偏好和上网习惯等，

① 徐锐：《论我国人工智能的伦理规范建设》，《岭南学刊》2019 年第 1 期，第 111~117 页。

② 李强：《人脸识别在美国》，《中国青年报》2019 年 4 月 24 日，第 4 版。

都被实时地采集和保存。通过挖掘分析大量看似碎片化的用户个人数据，数据采集者可以从中提取出对其有价值的信息，甚至还可以随时窥探和调取用户的隐私。这样，在不知不觉中用户的隐私权就被侵犯。此外，现有的商业模式高度依赖对消费者数据的分析。对人工智能开发者而言，为了获取商业利润，他们会以合法的方式诱导、鼓励消费者让渡个人信息隐私权，甚至非法地获取消费者隐私数据。对于消费者而言，如果不提供有关个人信息，则得不到人工智能系统带来的个性化服务；如果提供了有关个人信息，那么其隐私就会被获取甚至进一步被泄露出去。因此，如何在人工智能的发展过程中保护好个人隐私，已成为一个亟待解决的重要问题。①

四、人工智能隐含着各种算法歧视

所谓算法就是告诉计算机该做什么的一系列指令，算法歧视是指算法决策可能产生歧视问题。算法并非只是单纯的技术，与人类一样，算法也存在着各种偏见和歧视，会对人类传统价值观等伦理道德理念产生冲击。

算法歧视主要有以下几种表现：其一，价格歧视。例如，一些网购平台利用大数据"杀熟"，同样的商品或服务，对老客户的报价反而比新客户要高。其二，性别歧视。例如，自 2014 年开始亚马逊用人工智能筛选简历，帮助公司挑选出合适的员工，结果发现人工智能在招聘时有明显的"重男轻女"倾向。其三，种族歧视。例如，2015 年芝加哥法院使用的一个犯罪风险评估算法被证明对黑人造成了系统性歧视。如果一个黑人犯了罪，他就更有可能被这个系统错误地标记为具有高犯罪风险，从而被法官判处更长的刑期。除此之外，基于宗教信仰、经济状况、外貌等形式的算法歧视也广泛存在。

造成算法歧视的原因有以下几点：首先，"不良"数据导致算法歧视。数据是人工智能的基础，如果数据本身具有歧视性，或者不完整、不正确及不及时，都会产生歧视性结果。例如，2016 年微软开发的人工智能聊天机器人 Tay

---

① 徐锐：《论我国人工智能的伦理规范建设》，《岭南学刊》2019 年第 1 期，第 111～117 页。

在北美上线，这个聊天机器人最初设计用于通过社交媒体网络与青少年进行对话，但网络用户在不到一天的时间内教会了它各种纳粹主义、种族主义的脏话，最后它被指作“不良少女”而被迫下线。又如，2016年举行的首届“AI国际选美比赛”，由于算法训练的照片没有包含足够多的非白人面孔，结果导致绝大多数获奖者都是白人选手。

其次，算法本身存在缺陷或瑕疵也会引发歧视。算法决策所需要的变量或指标，都是人为设定的，如果算法设计者的道德价值取向不良，则算法有掺入歧视的可能。与此同时，尽管算法是应对复杂工作的有力武器，但在其输入层与输出层之间却存在“黑箱”，这加剧了算法歧视的复杂性。①

最后，算法歧视还可能是机器自我学习的结果。如果偏见已存在于算法之中，经深度学习后，这种偏见还有可能在算法中得到进一步加强，形成一个“自我实现的歧视性反馈循环”。②

五、人工智能创作引发知识产权争议

2017年，“微软小冰”创作的诗集《阳光失了玻璃窗》出版，这是历史上第一部完全由人工智能创作的诗集。两年后，微软小冰又学会了画画，其作品获得了中央美术学院老师们的高度肯定，甚至以画家身份在中央美术学院举办个人作品展。同时，谷歌开发的人工智能机器人Magenta会创作歌曲。③ 人工智能能写诗，会画画，可以作曲，还可以从事其他的文学艺术创作，这给我国法律制度带来了新的挑战，那就是人工智能生成物的知识产权问题。

早在20世纪50年代，美国就曾出现关于“机器创作”法律属性的争论，然而最终美国版权局明确规定其保护范围仅限于人的创作。人工智能的发展使机器人具备了更强的创作能力，如何界定这些知识产品的法律归属是一个亟待解

① 郑志峰：《警惕算法潜藏歧视风险》，《光明日报》2019年6月23日，第7版。

② 周程、和鸿鹏：《人工智能带来的伦理与社会挑战》，《人民论坛》2018年第2期，第26~28页。

③ 韩业庭：《人工智能会取代人类的艺术创造力吗》，《光明日报》2019年6月12日，第13版。

《阳光失了玻璃窗》书封

决的问题。①

对此问题，目前主要有两方面的争议：首先，著作权法是否应该给予人工智能创造物著作权保护的问题。支持者认为，机器人作品的形式完全符合著作权法的规定，属于文学、艺术和科学领域内具有独创性、可以复制的智力成果，与人类作品真假难分，甚至比一般的人类作品还要出色。反对者则认为，当前各国著作权法基本上都是以人类智力为中心构建保护对象。以前些年发生在美国的"猴子自拍照案"为例，美国版权局明确强调："只有人类创作的作品才受版权保护。"②根据我国现行法律，知识产权成果是指"人类创造出来的成果"，人工智能并不能成为知识产权意义上的权利主体。也就是说，机器人不是人，当然不应给予著作权保护。

其次，人工智能作品若是能够得到保护，那么其著作权归属应当如何确

① 周程、和鸿鹏：《人工智能带来的伦理与社会挑战》，《人民论坛》2018年第2期，第26~28页。

② http://www.sohu.com/a/217520555_159412。

定？有学者认为，人工智能能够自主学习、自主创作，作品著作权当然归机器人所有；但这又会产生一些其他问题：如果机器人享有著作权，该权利又如何行使？机器人是否有资格签订版权合同？另有一些学者认为，人工智能仅仅是工具，因为机器人并不是真正意义上的“人”，是借助算法、数据来完成创作的，其本质是人类的创作，人工智能生成物的权利可归属于设计开发者，或者所有权人，或者使用权人，也可能是多个权利人共有。

此外，人工智能往往会通过一些程序进行“深度学习”，其中可能收集、储存大量的他人享有的知识产权的信息，这就可能构成对他人知识产权的侵害。在这种涉嫌构成侵害知识产权的情形下，究竟应当由谁承担责任，也是需要讨论的问题。

六、人工智能对婚姻家庭关系的冲击

从图灵测试开始，人工智能的目标早已不是纯粹的运算能力与感知运算，“情感计算”也是人工智能的重要发展方向。人们希望与机器人展开情感交流，期盼机器人能满足人的情感和心理需求。现实的人类需求孕育出越来越多具备情感计算能力、能与人类进行感性交流的技术和产品，比如菲比小精灵和真娃娃机器人玩偶，一个叫“帕罗”的机器海豹，甚至可以用来充当老年人的伴侣动物。①

人工智能的高度智能化，使机器越来越具有人的属性，家用机器人不仅可能具备人的外貌特征，也可以对人类的情感进行识别与回应，还可以通过面部表情和语调来判断人类情感，实现了机器与人的情感互动。这类情感智能机器人走进家庭并承担日常的工作甚至取代自然人的角色后，传统家庭伦理势必受到强烈冲击。

人工智能对婚姻家庭伦理道德的挑战，主要表现在对夫妻关系的不利影响上。如高仿真机器人的出现使得夫妻感情受到考验，当已婚人士对高仿真机器

① 刘宪权：《人工智能时代机器人行为道德伦理与刑法规制》，《比较法研究》2018 年第 4 期，第 40~54 页。

人投入时间和情感，甚至把机器人当做情感的倾诉者、心理的慰藉者甚至是性行为伴侣时，这是否构成对婚姻的背叛？同时，夫妻一方的这种行为又在多大程度上能得到对方的包容？高仿真机器人的市场化、普遍化与机器人的高仿真及个性定制等特性存在重大关联，当高仿真机器人发展到很多行为、情感、外表与人类相差无几时，人们是否更愿意把机器人作为自己的伴侣？人们可以随心所欲地对机器人伴侣进行挑选，甚至是量身制作，这不仅影响夫妻情感，更威胁到人类的繁衍和未来。① 此外，人工智能对亲子关系也会产生消极影响。在当前社会中，由于工作繁忙等原因，父母子女相处的时间越来越少，从而使得陪伴、照顾老人和小孩的机器人以及作为人类宠物的智能动物等人工智能产品应运而生。这些智能产品越来越多地进入家庭，虽然有其积极作用，但也会使父母子女之间的亲情淡化弱化，甚至导致老人和小孩出现情感偏差和认知障碍，其造成的危害后果不容小觑。

第二节　人工智能的规制

如上节所述，人工智能技术的迅猛发展，给人类社会带来了安全、就业、隐私以及婚姻家庭等诸多方面的冲击和挑战，对人工智能进行必要的规制，促进人工智能的健康发展，已成为包括中国在内的世界各国的共识。本节的重点是介绍国外以及中国在构建人工智能伦理规范和法律规范方面的尝试和努力，并在此基础上提炼出人工智能规制的基本原则。

一、国外人工智能规范的构建

近年来，联合国、欧盟等国际组织、发达国家、科技企业以及一些国际会议，都十分关注人工智能技术的快速发展带来的社会问题，相继发布了有关报

① 王军：《人工智能的伦理问题：挑战与应对》，《伦理学研究》2018 年第 4 期，第 79~83 页。

告、指南和宣言，积极构建人工智能伦理和法律规范。

2016 年 8 月，联合国教科文组织与世界科学知识与技术伦理委员会联合发布了《机器人伦理报告初步草案》，不仅探讨了社会、医疗、健康、军事、监控、工作中的机器人伦理问题，还对运用机器伦理进行了讨论,① 提出机器人不仅需要尊重人类社会的伦理规范，而且需要将特定伦理准则嵌入机器人系统中。②

欧盟在构建人工智能伦理与法律规范方面处于世界领先地位。2016 年 5 月，欧盟法律事务委员会提出人工智能立法建议，提出要制定"机器人宪章"，并推动人工智能和机器人民事立法。同年 10 月，又发布了《欧盟机器人民事法律规则》，其中既规定了在机器人设计和研发过程中必须遵守的基本伦理原则，也有适用于人工智能各细分领域的法律规定,③ 还建议对最复杂的自主智能机器人，可以承认其"电子人"的法律地位。2018 年 4 月，欧盟委员会发布了《欧盟人工智能》报告，提出以人为本的人工智能发展理念，并把"建立适当的伦理和法律框架"作为欧盟人工智能战略的三大支柱之一，以应对人工智能带来的技术、伦理、法律等方面的挑战。

2018 年 5 月 25 日，在经过了两年过渡期之后，于 2016 年 4 月通过的欧盟《通用数据保护条例》开始正式实施。该条例面向所有涉及欧盟公民个人数据的企业，对这些企业收集、处理用户个人信息的权限作了限制，旨在保障用户本人对个人信息的最终控制权。④ 由于特别强调尊重个人的权利和隐私，该条例被称为 21 世纪的人权宣言。

2019 年 4 月，欧盟接连发布了两份重要文件，即《人工智能伦理指南》和《算法责任与透明治理框架》，这是对欧盟人工智能战略"建立适当的伦理和法律框架"要求的具体落实，是欧盟加强 AI 规制的最新成果。欧盟的《人工智能伦理指南》期望建立"以人为本、值得信任"的 AI 伦理标准，为此确立了 AI 应

---

① 温新红：《人工智能如何"德才兼备"》，《中国科学报》2018 年 7 月 6 日，第 6 版。

② 郜小平：《人工智能是否拥有独立人格?》，《南方日报》2018 年 11 月 1 日，第 ZB01 版。

③ 李佳霖：《人工智能产业立法当加速》，《经济日报》2018 年 5 月 8 日，第 9 版。

④ http://www.cbnri.org/news/5426951.html。

当符合法律规定、应当满足伦理原则、应当具有可靠性三项基本原则。在此基础上，其进一步提出了可信任 AI 应当满足的七项关键要求，具体包括：人的自主和监督；可靠性和安全性；隐私和数据治理；透明度；多样性、非歧视性和公平性；社会和环境福祉；可追责性。①《算法责任与透明治理框架》提出算法治理的目的是实现算法公平，而算法透明和责任治理是解决算法公平问题的工具，同时“负责任研究和创新”方法对于实现算法公平具有重要的作用和意义。②

2019 年 5 月，经济合作与发展组织成员国批准了一项人工智能指导原则，即《负责任地管理可信赖的 AI 的原则》，提出了包容性增长、可持续发展和福祉，以人为本的价值和公平，透明性和可解释，稳健性和安全可靠，以及责任等五项原则，旨在规范各国政府、组织、企业、个人在设计及使用人工智能方面的行为。同年 6 月举行的 G20 峰会以该原则为基础，发布了《G20 人工智能原则》。这一原则由各国政府签署，是人工智能治理方面的首个政府间国际共识。

美国政府于 2016 年 5 月成立了人工智能和机器学习委员会，负责协调全美各界在人工智能领域的行动，探讨制定人工智能相关政策和法律。2016 年 10 月又相继发布了《为人工智能的未来做好准备》和《国家人工智能研发战略计划》两份报告，将人工智能上升到国家战略层面。③ 后一报告确立了七大战略重点，提出要开展人工智能伦理、法律和社会问题研究，研发新的方法来实现人工智能与人类社会的法律、伦理等规范和价值相一致。2017 年 10 月，美国信息技术产业委员会发布《人工智能政策原则》，提出了三大层面的 14 个原则，从人工智能发展和创新的角度回应舆论关于失业、责任等的担忧，呼吁加强公私合作，共同促进人工智能益处的最大化，同时最小化其潜在风险。④

---

① 宋建宝：《欧盟人工智能伦理准则概要》，《人民法院报》2019 年 4 月 19 日，第 8 版。

② http://www.sohu.com/a/343343979_455313。

③ 李晓华：《世界主要国家人工智能战略及其产业政策的特点》，《经济日报》2019 年 4 月 17 日，第 14 版。

④ http://www.sohu.com/a/204117926_323203。

2018 年 5 月美国白宫宣布成立人工智能特别委员会，2019 年 2 月，特朗普总统签署行政令，启动“美国人工智能倡议”，该倡议的重点内容之一就是制定人工智能治理标准。①

2016 年 9 月，英国下议院科学技术委员会发布《机器人技术与人工智能》报告，讨论了发展人工智能与机器人可能会带来的伦理与法律问题，呼吁政府要加强人工智能伦理研究，将人工智能的益处最大化，并寻求将其潜在威胁最小化的方法。2017 年 1 月，英国政府肯定并回应了该报告。

德国在人工智能立法和道德准则制定方面具有开创性。2017 年 6 月，德国发布了《道路交通法第八修正案》，该法案明确允许“按规定使用”自动驾驶功能，明确了驾驶员使用该功能的权利义务以及驾驶数据的采集、存储、使用及删除规则，从而建立了较为完整的权责制度。② 德国还出台了全球第一部自动驾驶道德准则，该准则充分考虑了自动驾驶车辆可能存在的技术决策风险，提出了“人类的安全必须始终优先于动物或其他财产”等 20 条准则。③ 2018 年 7 月，德国通过了《联邦政府人工智能战略要点》，同年 11 月，德国政府正式发布了人工智能战略，其内容包括 12 个行动领域和 14 个行动目标，其追求的目标中就包括了“战略重心应始终放在 AI 对公民的利益上”“AI 在德国的发展需要保证足够的安全性”“AI 的研究和使用应当符合德国的道德和法律”等内容。

与此同时，各国和国际的行业协会也开展了对人工智能伦理道德方面的研究。2016 年 9 月，英国标准协会发布《机器人和机器系统的伦理设计和应用指南》，主要目的是对研究设计人员和制造商进行指导，帮助他们在设计阶段对机器人欺诈、歧视等方面进行道德风险评估。国际电气和电子工程师协会于 2017 年发布了《合乎伦理的设计：将人类福祉与人工智能和自主系统优先考虑的愿景》报告，提出了人工智能和自主系统的伦理推动标准和道德化的福祉衡

① http://www.xinhuanet.com/2019-03/18/c_1124249611.htm。

② 张韬略、蒋瑶瑶：《德国智能汽车立法及道路交通法修订之评介》，《德国研究》2017 年第 3 期，第 68~80 页。

③ http://www.cnautonews.com/tj/znwl/201805/t20180515_587175.html。

量标准。稍后推出的《人工智能设计的伦理准则》第2版，指出发展人工智能系统应包括“人权、福祉、问责、透明、慎用”五个伦理原则。2018年3月，欧洲科学与新技术伦理组织发布了《关于人工智能、机器人及自主系统的声明》，该声明呼吁为人工智能、机器人和“自主”系统的设计、生产、使用和治理制定共同的及国际公认的道德和法律框架，并提出了一套基于欧盟条约和欧盟基本权利宪章规定的价值观的基本伦理原则。①

一些国际知名的科技企业和科研机构也积极参与人工智能规则的讨论和制定。2016年9月，亚马逊、微软、谷歌、IBM和Facebook五家公司联合成立了人工智能合作组织，共同对人工智能的伦理规范、行业标准等问题进行研究。2018年6月谷歌公司表示，在人工智能开发应用中，坚持公平、安全、透明和隐私保护等7个准则，不会将AI技术应用于开发武器，不会违反人权准则将AI用于监视和收集信息，避免AI造成或加剧社会不公。2018年9月，微软公司出版了《计算未来：人工智能及其社会角色》一书，深入探讨人工智能的社会责任，并提出“六大原则”：公平、可靠和安全、隐私和保障、包容、透明、负责，旨在确保人工智能的发展合乎伦理道德。

2017年1月在美国加州阿西洛马举办的人工智能会议上，近千名人工智能领域的行业领袖和专家联合签署了由未来生命研究所提出的《阿西洛马人工智能23条原则》，呼吁全世界在发展人工智能的同时严格遵守这些原则，共同保障人类未来的伦理、利益和安全。这是目前国际社会对AI伦理相对系统的阐述，具有较大的影响力。

2018年7月，在瑞典斯德哥尔摩举办的国际人工智能联合会议上，共有2400多名AI领域的专家学者，共同签署了《禁止致命性自主武器宣言》。宣言指出，永远不应将人类生命的决定权委托给机器。签署者承诺既不参与也不支持致命自主武器的开发、制造、贸易往来或使用。

2018年10月，在布鲁塞尔举行的第40届数据保护与隐私国际大会发布了《人工智能伦理与数据保护宣言》，宣言指出，任何人工智能系统的创建、开

① http://www.sohu.com/a/226915590_117965。

发和使用都应充分尊重人权，特别是保护个人数据和隐私权以及人的尊严不被损害的权利，并应提供解决方案，使个人能够控制和理解人工智能系统。宣言提出了六项原则，作为在人工智能发展中保护人权的核心价值观，并呼吁制定关于人工智能的共同治理原则，促进各国在此领域协调一致地做出努力。

二、中国人工智能规范的构建

与国际社会一样，中国在积极发展新一代人工智能的同时，从政府部门到产学研各界对于人工智能所引发的社会问题都给予了高度关注，并开始了构建人工智能规范的努力。

2016 年 4 月，由工信部和深圳市政府主办的第四届中国电子信息博览会——人工智能产业发展论坛在深圳市举行。论坛发布了《人工智能深圳宣言》，强调应当建立健全人工智能相关法律法规，同时积极探讨人工智能技术发展与伦理道德的平衡点，引导形成符合人类发展的价值观，让人工智能更好地服务人类。①

2017 年 4 月，由中国科学院科技战略咨询研究院和腾讯研究院共同主办了“人工智能：技术、伦理与法律”研讨会。会议围绕人机关系、机器权利、AI 治理等议题展开，探讨了人工智能的技术瓶颈、伦理困境和法律滞后的解决对策。②

2017 年 5 月，由国家机器人标准化总体组主办的机器人伦理标准研讨会在清华大学召开。与会专家就未来机器人的设计准则，特别是智能和情感方面的规则展开了热烈讨论，并对未来机器人伦理标准的发展路线图达成一致。本次会议开创了我国机器人伦理标准研究的先河，突出了机器人伦理问题的重要意义。

2017 年 7 月，国务院发布了《新一代人工智能发展规划》。规划指出了研究人工智能法律问题和建立问责制度的必要性，提出了人工智能发展的制度安

① http://news.hexun.com/2016-04-08/183204775.html。

② http//www.cas.cn/yx/201704/t20170418_4597401.shtml。

排以及主要原则，包括“开展人工智能行为科学和伦理等问题研究”“制定促进人工智能发展的法律法规和伦理规范”等明确要求。

2017 年 11 月，中国科学院在福建莆田组织召开了以“人工智能：在效率和安全中寻求统一”为主题的 2017 年科技伦理研讨会。

2017 年 12 月，由国家网信办和浙江省政府联合主办的第四届世界互联网大会举办了人工智能应用与伦理的专题讨论会。

2018 年 1 月，国家标准化管理委员会发布了《人工智能标准化白皮书 2018》，白皮书论及了与人工智能技术相关的安全、伦理、隐私问题，提出发展人工智能必须遵循人类利益原则和责任原则，其中人类利益原则是指人工智能应以实现人类利益为终极目标；责任原则是指在技术开发方面应遵循透明度原则，在技术应用方面应当遵循权责一致原则。

2018 年 7 月，中国发展研究基金会和微软公司在北京联合举行《未来基石——人工智能的社会角色与伦理》报告发布会。报告呼吁，各国政府、产业界、研究人员、民间组织和其他有关利益相关方就人工智能开展广泛对话和持续合作，加快制定针对人工智能开发和应用的伦理规范和公共政策准则。①

2018 年 7 月，在天津召开的机器人与人工智能大会主论坛上，工信部赛迪研究院发布了《人工智能创新发展道德伦理宣言》，明确表示，创新、应用和发展人工智能技术应当以全人类固有道德、伦理、尊严及人格之权利为根本基础，以人类解放和人的自由全面发展为最终依归，始终以造福人类为宗旨，鉴于人工智能技术对人类社会挑战巨大，且发展前景充满未知，对人工智能技术的创新应当设置倡导性与禁止性的规则。

2018 年 9 月，《十三届全国人大常委会立法规划》向社会公布，与人工智能密切相关的立法项目，如个人信息保护法、数据安全法，列入到了“立法条件比较成熟、任期内拟提请审议的法律草案”中，而“条件尚不完全具备、需要继续研究论证的立法项目”中也包括了人工智能方面的立法。

① http://news.sina.com.cn/o/2018-07-09/doc-ihezpzwu1035981.shtml。

2019年5月，北京智源人工智能研究院联合北京大学及清华大学等高校、科研院所和产业联盟，共同发布《人工智能北京共识》。《人工智能北京共识》针对人工智能的研发、使用、治理三方面，提出了各个参与方应该遵循的有益于人类命运共同体构建和社会发展的15条原则。其中，研发方面，提倡要有益于增进社会与生态的福祉，服从人类的整体利益，设计上要合乎伦理。使用方面，提倡善用和慎用，避免误用和滥用。在治理方面，提倡广泛开展国际合作，共享人工智能治理经验。这一共识的发布，为规范和引领人工智能健康发展提供了“北京方案”。①

2019年2月，为促进新一代人工智能健康发展，加强人工智能法律、伦理、社会问题研究，积极推动人工智能全球治理，科技部新一代人工智能发展规划推进办公室成立了国家新一代人工智能治理专业委员会。6月，该委员会发布《新一代人工智能治理原则——发展负责任的人工智能》，提出了人工智能治理的框架和行动指南，明确提出了和谐友好、公平公正、包容共享、尊重隐私、安全可控、共担责任、开放协作、敏捷治理共八项原则。

2019年7月，中央全面深化改革委员会第九次会议召开，会议审议通过了《国家科技伦理委员会组建方案》。会议指出，科技伦理是科技活动必须遵守的价值准则。组建国家科技伦理委员会，目的就是加强统筹规范和指导协调，推动构建覆盖全面、导向明确、规范有序、协调一致的科技伦理治理体系。要抓紧完善制度规范，健全治理机制，强化伦理监管，细化相关法律法规和伦理审查规则，规范各类科学研究活动。

2019年7月，上海市人工智能产业安全专家咨询委员会成立，同时发布了《人工智能安全发展上海倡议》。倡议从应对人工智能安全挑战，守护智能时代人类未来的主旨出发，在充分吸纳国内外人工智能安全共识的基础上，提出了“面向未来、以人为本、责任明晰、隐私保护、算法公正、透明监管、和平利用、开放合作”八大目标原则及其基本要求。

2019年8月底，由国家发展改革委、科技部、工业和信息化部、国家网

① https://news.china.com/domesticgd/10000159/20190525/36192562.html。

信办、中国科学院、中国工程院和上海市人民政府共同主办的世界人工智能大会在上海举行。大会发布了《人工智能安全与法治导则》。该导则从算法安全、数据安全、知识产权、社会就业和法律责任五大方面，提出了27条具体指南，对人工智能发展的安全风险做出科学预判，提出了各种应对策略。

三、人工智能规制的基本原则

如前所述，就如何促进人工智能的健康发展，或者说对于人工智能的规制问题，国内外提出了很多的原则、规范、指南和标准，这些主张各有道理，也各有侧重。经过分析总结，我们认为，人工智能的规制应遵循以下基本原则：

（一）以人为本原则

以人为本的人工智能发展理念是国际社会的共识，也是人工智能规制的首要原则。这一原则主要包括以下内容：

首先，要确保人类的主体地位。人工智能是“对人的意识和思维信息过程的模拟，是人制造出来解决问题、增强人类能力的机器”。① 人工智能既然是由人类所创造，就必须为人类服务，始终服从于人的主体性地位。即使未来的强人工智能具备了超越人的能力，甚至形成了相当的自主性，也不能颠覆人类的主体地位，人工智能只能处于辅助地位。在人工智能研制之初，就应当明确AI本身并不是目的，只是服务人类的工具，其最终目的应当是增进人类福祉。发展人工智能技术的时候，必须保证人类在任何时候都能控制智能机器，而不是被其控制。

其次，人工智能不得危害人类。人工智能的发展要尊重人类的基本权利，保护人类的尊严，特别是要保障人类的生命安全。正如《新一代人工智能治理原则——发展负责任的人工智能》所言：“应以保障社会安全、尊重人类权益

① 陈静：《科技与伦理走向融合——论人工智能技术的人文化》，《学术界》2017年第9期，第102~111页。

为前提，避免误用，禁止滥用、恶用。”

最后，应当赋予其人类的善良情感，确保人类的利益。超级人工智能如果能够具备感情，那么研发者有义务将符合人类基本价值观的善良情感嵌入系统，以确保智能技术系统在任何情况下，都能做出与人类善良积极的情感伦理一致的判断和决策，成为人类社会的良好成员，为人类更好地提供服务。①

（二）综合规制原则

由于人工智能的技术复杂性和创新性，对其进行有效规制，需要综合运用道德、法律、政策以及技术等多种手段，其中最为重要的是道德和法律手段。

伦理道德规范对人工智能的规制不可或缺。对于人工智能社会关系的调整，伦理规范具有一种先导性的作用。这是因为法律规范基于现实生活而生成，且立法过程繁琐，因而总是处于滞后境地；而伦理规范可以先行和预设，对已变化或可能变化的社会关系做出应对措施，而且伦理规范为后续法治建设提供了重要法源，即在一定时候，伦理规范亦可转化为法律规范，实现道德的法律化。②

人工智能的伦理规范包括研发伦理和应用伦理，两者各有侧重。研发伦理旨在从源头上保障人工智能产品的安全性，例如对智能机器人预设道德准则，为人工智能产品本身进行伦理指引，规定人工智能技术研发及应用的道德标准，对科研人员进行伦理约束。应用伦理旨在保障人工智能产品在应用过程中的安全性，比如应当禁止人工智能应用于可能对人类及整个社会造成危害的领域，人工智能使用者应当将人工智能伦理道德规范内化为自身的主体信念，加强自身道德修养，提升自身责任意识。

与伦理规范相比，法律规范具有国家强制性，因此对人工智能的法律规制也至关重要。首先，应当组建专家团队对人工智能立法开展研究，其重点包

---

① 王成：《人工智能法律规制的正当性、进路与原则》，《江西社会科学》2019 年第 2 期，第 5~14 页。

② 吴汉东：《人工智能时代的制度安排与法律规制》，《法律科学》2017 年第 5 期，第 128~136 页。

括：人工智能的法律地位、人工智能生成内容的权利归属、人工智能损害后果的责任分担、人工智能风险的法律控制等。① 其次，应当对我国现有法律法规进行整理，以解决已经出现的关于人工智能的一些现实问题。比如，在《道路交通安全法》中增加无人驾驶汽车的规范，在《民用航空法》中增加无人机的规范，在《著作权法》中增加机器作品的著作权的规范，在《民法典》分则中要有关于个人信息、数据保护的规范。② 最后，应当制定一部《人工智能法》，对人工智能技术的研发、生产、销售、使用等环节进行规范，确定相关人员的行为规则和法律责任，划定法律底线，以确保人工智能技术的健康发展。当然，鉴于现阶段正处在人工智能技术的高速发展期，新兴技术层出不穷，应当制定必要的原则框架，立法不宜过细，以免制约科技进步。③

(三)共同参与原则

随着人工智能的迅速发展，其与经济、社会不断加速整合，渗透到教育、医疗、养老、环境保护、城市管理、司法服务等领域，涉及范围极广，加之其高度的专业性、技术性和复杂性，应对人工智能带来的挑战，仅靠某一部门、某一机构、某一行业、某一企业都是无法独立完成的，需要充分汇聚政府部门、相关企业、科学家、产业联盟、人文社科学者和社会各界的力量，多方参与、群策群力，才能避免监管中的盲点和漏洞，确保人工智能造福人类。

政府应当及时把握人工智能发展动态，对人工智能引发的社会问题保持高度警惕，制定有关人工智能的安全标准和法律规范，还要组建有关监管机构，运用国家资源对人工智能的发展进行持续监管。科技企业、科技人员在设计研

① 吴汉东：《人工智能时代的制度安排与法律规制》，《法律科学》2017 年第 5 期，第 128~136 页。

② 王成：《人工智能法律规制的正当性、进路与原则》，《江西社会科学》2019 年第 2 期，第 5~14 页。

③ 段威：《人工智能时代的法律挑战》，《天津日报》2019 年 6 月 3 日，第 9 版。

发人工智能的时候，不能只关注经济利益，还要承担相应的社会责任，在研发、设计人工智能的同时为其嵌入符合人类根本利益的伦理道德原则和法律规范，从而达到在根源上控制人工智能的目的，同时要强化行业自律，严格实施自我监督与同行之间的相互监督。教育科研机构、学术界、新闻媒体要不断呼吁政府、企业等关注人工智能已经或可能带来的种种危机，并为解决危机积极出谋献策。广大社会公众一方面应积极参与规则的制定，就人工智能的发展和治理发表意见，另一方面也要提升自身的道德文化素养，合法合理使用人工智能，避免误用和滥用，并积极应对因机器工人取代人类工作而引发的失业转岗等问题。

(四)国际合作原则

鉴于人工智能对人类社会影响的广度和深度，人工智能的规制不能仅限于某一国家内部或少数国家之间，而需要各国政府与社会各界站在人类命运共同体的高度加强合作，共同促进人工智能的健康发展。

各国政府，尤其是人工智能大国，应通过联合国、G20 以及其他国际组织，加强人工智能的发展和治理上的国际合作。国际社会也可以考虑成立一个新的政府间国际组织，我们可称之为国际人工智能组织(IAIO)，作为讨论和参与人工智能国际标准制定活动的国际组织。IAIO 不仅应由各国政府组成，还应广泛吸收人工智能行业和学术组织等多元化利益相关者参与。① 除了各国政府之间的合作之外，不同国家人工智能企业之间以及科学家之间的合作也至关重要，这有利于在技术层面减少人工智能存在的安全风险。

在人工智能规制上的国际合作，正如《新一代人工智能发展规划》指出的，一是要加强机器人异化和安全监管等人工智能重大国际共性问题研究，二是深化在人工智能法律法规、国际规则等方面的国际合作，共同应对全球性挑战，三是推动成立人工智能国际组织，共同制定相关国际标准。只有通过国际合

① 曾炜：《人工智能的全球规制》，《检察风云》2019 年第 16 期，第 26~27 页。

作，建立统一的人工智能安全发展的规范和标准，才能避免不同国家之间人工智能技术和政策不兼容所导致的安全风险。

第三节　智能化与国家治理现代化

党的十九届四中全会提出推进国家治理体系和治理能力现代化的总体目标，强调了我国国家治理体系和治理能力是中国特色社会主义制度及其执行能力的集中体现。《中共中央关于坚持和完善中国特色社会主义制度 推进国家治理体系和治理能力现代化若干重大问题的决定》中，人工智能、大数据等前沿技术成为了高频词。新时代，通过智能化的技术变革来推动国家治理变革，为推进国家治理体系和治理能力现代化打开技术赋能的路径，这是国家治理现代化的必然逻辑与现实选择。

一、智能化是国家治理现代化的必然选择

信息技术、智能技术推动的智能社会是引领国家治理新常态，促进国家治理实现善治的目标。《中共中央关于坚持和完善中国特色社会主义制度　推进国家治理体系和治理能力现代化若干重大问题的决定》指出，要建立健全运用互联网、大数据、人工智能等技术手段进行行政管理的制度规则。我国的社会主义制度具有明显的制度优势，而人工智能成为国家治理核心推动力，可通过赋能把制度优势转变为治理效能。从公共政策作为国家治理主要工具的角度来看，以中国共产党为核心的执政施政团队谋求实现优良国家治理的过程，实际上就是科学制定政策、有效执行政策、准确评估政策的复合循环过程。① 面对新技术革命发展的浪潮，大力运用人工智能技术，实现国家治理现代化，正是本着为民服务的宗旨，进一步发挥政府的职能，不断提高国家的治理能力。

---

① 梅立润：《人工智能如何影响国家治理：一项预判性分析》，《湖北社会科学》2018年第8期，第27页。

在人类历史的发展史上，技术变革带来制度体系的深刻变革，这是历史发展的必然规律与趋势。在前智能社会，由于科技的发展水平低，信息化水平低，国家各项公共事务的处理速度慢、历经环节多，在治理的实践中，各项信息也不对称，国家治理能力有限。随着国家治理规模的扩大，涉及的范围更广，而治理应对的机制反应慢，治理效果不佳，前智能社会形成的国家治理的模式与方法不能很好地满足现代国家治理的需要。“数据智能化”和“治理现代化”不断交融，人工智能不断地融合先进的服务理念，已经在助力国家治理能力现代化的发展中显示出了独特优势，具有可喜的应用前景。

人工智能作为一种先进的技术，其应用将会对我国的经济发展、政治民主、社会治理等方面产生积极影响，为我国国家治理能力的现代化提供强有力的技术支持。具体来说，技术生产力的变革，不仅影响我国社会生产与消费关系的变化、民主政治权利的行使、社会治理的调整，还具有对未来发展的预测作用。这些跨时空的思想为系统分析人工智能与中国特色社会主义的发展提供了科学武器。①

第一，从民主法制建设来看，利用人工智能享技术赋能之利，通过进行科学、合理的民主的制度安排，将智能技术充分地运用到民主建设中，真正能做到科学民主，在立法、执法、司法方面体现公平与公正。国家治理具有内在的参与属性，这也是治理现代化的必然要求。技术赋能为民主决策搭建了桥梁，通过技术了解群众的意愿和诉求，反映社情民意，能提高民主决策、科学决策水平，真正做到适时跟踪，及时反馈和监督，避免出现民主与法制建设的真空地带。另外，还可对公民提供个性化的民主信息策略。目前，人工智能在经济领域已经能够成熟地根据用户的偏好自动推荐商品，相信未来的政策提供和民主协商，或许同样可以为每位公民提供量身定制的选项。②

第二，从公共服务来看，智能社会实现的国家治理具有全面性、广泛性和

① 黄超：《国家治理视阈下人工智能的“热话题”与“冷思考”》，《未来与发展》2019年第8期，第65页。

② 黄超：《国家治理视阈下人工智能的“热话题”与“冷思考”》，《未来与发展》2019年第8期，第65页。

深入性。通过智能化推进国家治理能力现代化力度，可在公共事务管理中实现即时性、高效化，能够针对社会服务各领域的问题提供创新实践方案，形成高效高质、公开透明的智能化的治理模式。利用智能技术手段，从群众的实际需求出发，不断转变服务理念，提升治理水平，从需求产生到需求满足的全过程、全环节为群众提供精准服务，能大力提升国家治理能力现代化效率和质量。

二、智能化对国家治理现代化的推动作用

智能化是在人工智能等技术的条件下实现的，具有高精准、高时效、可控制等前所未有的优点，是促进现代国家治理创新的重要因素。国家治理现代化不仅体现在制度层面，而且体现在治理实践的方法和介质上，智能技术的应用带来的观念上、体验上、效果上的变革，所产生的塑造力和影响力，必然会提升国家治理能力。近些年，智能化在创新国家治理中发挥着重要作用，在有效提升国家治理水平的实践中扮演着重要角色，治理水平高，人民群众的满意度就高，其作用主要表现在以下方面：

第一，智能化促进了国家治理的决策科学。智能化系统的实施和运作，可以实现政府对社会分散领域和国家总体发展状况的精确把握，适时调整施政的方针，使决策不断趋于科学化，推进治理方案更有前瞻性和预见性。社会各领域的现实问题，为国家治理提供了问题导向。国家治理现代化过程中，智能化应用能准确地理解各种需求，精确地研判需求目的，从而智能地形成治理方案，使国家治理实现分析精准化、响应即时化、服务精细化、治理一站化、反馈同步化，能够为各群体提供即时精准的服务，促进国家治理决策更科学、程序更优、工作高效。

第二，智能化可创新国家治理新机制。智能化实践意义就在于能广泛适用于各种不同管理层次的场景。政府在国家治理的重大方针政策形成之前，需广泛征求社会各界的意见，深入实践调研，准确理解和把握民意；政策出台之后需要获得执行情况的及时反馈和评估，智能化的应用可以在这些环节实现智能预测，实时反馈，综合评估，并帮助决策者适时调整。在国家治理现代化的各

个领域，需要集成各种数据信息，健全多种预测机制，需要全过程的监督管理，还应有完备的评估和反馈机制，而智能反馈机制的建设依赖于智能监督体系，需要集识别、评估、反馈于一体的智能化评估反馈能力。

第三，智能化提供了国家治理的方法。实现国家治理能力现代化，就必然要加强治理手段和方式的变革，而智能化科技的应用能够不断推进这种变革，从而成为治理能力现代化的必然选择。智能化科技应用可以很好地适用治理的新形式，为治理的全过程提供便捷的工具，实现国家治理一站式、无纸化、异地化等多种形式。如，智能征信系统可以提供实时、精准、公开的征信信息检索和查询，为政府机构规范市场经济主体和个人的诚信建设提供便捷的交互支持，有利于及时调整征信记录，智能变更信用级别；智能风控预测和监测系统可以自动利用大数据检索和分析，对来自数据链和信息链任何节点的风险事件进行及时预估并智能化匹配处理建议和应急方案，为国家治理工作带来可靠的参考。

第四，智能化提升了国家治理的效率。应大力实施智能化技术设备和设施进政府机构、公共服务场所，使政府在实现治理能力现代化的实践中与时俱进，不断为人民提供高质量的公共服务。切实让先进技术设备和现代化智能设施体现对人民群众需求的及时响应、精准处理，不断实现管理软件和硬件的更新升级，使线上线下相一致，有效提高政府服务效率。在智能化系统中，运用智能化、大数据提升国家治理现代化水平，能够为百姓提供更加便捷的公共服务，打通为民服务的“最后一公里”。不可否认，智能化的应用在治理中还很好地发挥了智能化技术设备和系统的及时预测性、主动响应性等诸多优点，针对不同群体的办事需求，及时准确地预测需求、理解需求、反馈信息、制定方案，从而为群众提供高标准、精确化公共服务，体现智能化治理对人的关怀，极大地提高治理效率。

三、智能化推动国家治理现代化的路径选择

习近平总书记强调，要运用大数据提升国家治理现代化水平。要建立健全大数据辅助科学决策和社会治理的机制，推进政府管理和社会治理模式创新，

实现政府决策科学化、社会治理精准化、公共服务高效化。① 因此，要进一步加快新兴信息技术在生态环境、社会治理、文化管理、公共服务、经济发展等国家治理领域的广泛应用，使其能够转化为治理效能。② 智能化推动国家治理现代化主要从以下方面来推进：

第一，注重以人民为中心的价值导向。我国社会主要矛盾发生历史性变化，需要不断增强人民群众获得感、幸福感、安全感，尊重人民群众的主体地位。技术赋能，提高国家治理的精准性，离不开人民群众对国家治理的期待。正如习近平总书记强调的："人民是创造历史的动力，我们共产党人任何时候都不要忘记这个历史唯物主义最基本的道理。"③强调发挥政府职能，要突出向"人民为中心"的转变，在执政为民方面，应创新互联网时代群众工作机制，坚持以人民为中心。

第二，强化智能化的思维。治理智能化，必须与时俱进，树立国家治理智能化的全新理念。我们应学会用"信息化思维"推进国家治理体系和治理能力现代化，强调民主、开放、参与思维、大数据意识，形成用智能技术助力国家治理现代化的良好氛围。

第三，重塑智能化多元治理的格局。当前的国家治理应加强党委政府引导，汇聚社会参与，构建规范的互联网国家治理体系。一是在新时代政府和社会关系构建过程中，应以人民为中心，以用户创新、大众创新、开放创新、共享创新为特征，创建共创、赋能、开放的治理平台，并以此为基础实现政府、市场、社会多方协同的公共价值塑造，最终实现政府治理和公共服务的精细化、智能化和社会化、专业化。④ 实现治理手段技术化、治理方式规范化、治理内容多元化、治理主体协同化，推进治理智能化、专业化，切实提高公共服

① 《习近平在中共中央政治局第二次集体学习时强调：审时度势精心谋划超前布局力争主动 实施国家大数据战略加快建设数字中国》，人民日报 2017 年 12 月 10 日。

② 马亮：《人工智能、大数据将如何赋能国家治理》，《新京报》2019 年 11 月 7 日。

③ 中共中央宣传部编：《习近平总书记系列重要讲话读本》，北京：学习出版社，人民出版社 2016 年版，第 184 页。

④ 傅昌波：《全面推进智慧治理开创善治新时代》，《国家行政学院学报》2018 年第 2 期，第 59~63 页。

务效率。二是调动群众积极性，丰富方式和渠道，形成合力。三是充分发挥法律、标准等的规范引导作用，提升政务数据服务国家治理的综合效能。

第四，维护制度的刚性约束力。通过将国家治理制度上升为宪法与法律层面，实现国家治理制度的法制化，才能使国家治理制度定型化、程序化、精准化和常态化，进而提升制度公信力与权威性。① 加快制度调整和供给创新已成为一项新课题，应通过建立执法信息公开平台，向社会公开执法信息。要完善法律法规，严格监督管理，及时做出反馈，打破信息孤岛，以智能化促进制度的执行。

① 刘涛、范明英：《以法治化推进国家治理现代化的转型路径》，《领导科学》2014 年第 34 期，第 22~24 页。

参 考 文 献

1. [美]舍恩伯格·库克耶. 大数据时代[M]. 盛杨燕，周涛，译，浙江人民出版社，2013.
2. 潘建红. 现代科技与伦理互动论[M]. 人民出版社，2015.
3. 桂起权. 科学思想的源流[M]. 武汉大学出版社，1994.
4. 翟晓梅，邱仁宗. 生命伦理学导论[M]. 清华大学出版社，2005.
5. 潘建红. 现代科技发展与道德教育重建[M]. 湖北人民出版社，2007.
6. 高中华. 环境问题抉择论——生态文明时代的理性思考[M]. 社会科学文献出版社，2004.
7. 马边防. 网络文化导论[M]. 黑龙江人民出版社，2003.
8. 王文宏. 网络文化多棱镜：奇异的赛博空间[M]. 北京邮电大学出版社，2009.
9. 潘建红. 大学生科学素养与人文素养融合[M]. 武汉理工大学出版社，2016.
10. 唐魁玉，张旭. 网络社会质量的数据化基础——从小数据到大数据的网络社会演进[J]. 自然辩证法研究，2018(8).
11. 冯鹏志. 网络行动的规定与特征——网络社会学的分析起点[J]. 学术界，2001(2).
12. 程文凤，陈星. 网络犯罪群防群治措施研究[J]. 重庆理工大学学报(社会科学版)，2019(8).
13. 陈安繁，金兼斌，罗晨. 奖赏与惩罚：社交媒体中网络用户身份与情感表达的双重结构[J]. 新闻界，2019(4).
14. 曼纽尔·卡斯特尔. 网络社会与传播力[J]. 全球传播学刊，2019(2).
15. 张亚明，唐朝生，李伟钢. 在线社交网络谣言传播兴趣衰减与社会强化机制研究[J]. 情报学报，2015(8).
16. 曾一果. 符号的戏讥：网络恶搞的社会表达和文化治理[J]. 南京社会科学，2018(12).
17. 唐魁玉. 网络美好生活的伦理维度[J]. 西北师大学报(社会科学版)，2018(6).
18. 李维安，林润辉，范建红. 网络治理研究前沿与述评[J]. 南开管理评论，2014(5).
19. 姜方炳. "网络暴力"：概念、根源及其应对——基于风险社会的分析视角[J]. 浙江学刊，2011(6).
20. 钟义信. 范式转变：AlphaGo 显露的 AI 创新奥秘[J]. 计算机教育，2017(10).
21. 董春雨，薛永红. 数据密集型，大数据与"第四范式"[J]. 自然辩证法研究，2017(5).
22. 张敏，朱雪燕. 我国大数据交易的立法思考[J]. 学习与实践，2018(7).
23. 蔡木子. 我国媒介融合的主要表现形式及发展趋势[J]. 学习与实践，2017(4).
24. 尚智丛，闫奎铭. "人与机器"的哲学认识及面向大数据技术的思考[J]. 自然辩证法研究，2016(2).
25. 黄欣荣. 大数据技术革命为什么会发生？[J]. 自然辩证法研究，2016(11).
26. 潘建红，段济炜. 面向工程伦理风险的工程师伦理责任与行动策略[J]. 中国矿业大学学报(社科版)，2015(3).
27. 王玉峰. 神秘的数的和谐——论毕达哥拉斯学派数的和谐论及其影响[J]. 江苏科技大学学报(社会科学版)，2004(4).
28. 李伦，李波. 大数据时代信息价值开发的伦理问题[J]. 伦理学研究，2017

(5).
29. 马海韵，杨晶鸿. 大数据驱动下的公共治理变革：基本逻辑和行动框架[J]. 中国行政管理，2018(12).
30. 于施洋. 国内外政务大数据应用发展述评：方向与问题[J]. 电子政务，2016(1).
31. 刘力钢，刘建基. 大数据背景下科技型中小企业社会资本对动态能力的影响[J]. 科技进步与对策，2017(21).
32. 苏玉娟. 大数据技术与高新技术企业数据治理创新——以太原高新区为例[J]. 科技进步与对策，2016(6).
33. 许阳，王程程. 大数据推进政府治理能力现代化：研究热点与发展趋势[J]. 电子政务，2018(11).
34. 于施洋，王建冬，童楠楠. 国内外政务大数据应用发展述评：方向与问题[J]. 电子政务，2016(1).
35. 张翔. "复式转型"：地方政府大数据治理改革的逻辑分析[J]. 中国行政管理，2018(12).
36. 赵怡康，李大威，邓兆华. 生态文明中大数据如何打破"壁垒"消除"孤岛"[J]. 山东林业科技，2017(6).
37. 胡维维. 大数据环境下高校电子档案工作的思考[J]. 中国高等教育，2017(12).
38. 闫奎铭，孙雍君. 大数据时代的认知转向及其对科研管理的影响[J]. 科技进步与对策，2015(20).
39. 谢高地，等. 基于单位面积价值当量因子的生态系统服务价值化方法改进[J]. 自然资源学报，2015(8).
40. 傅伯杰，张立伟. 土地利用变化与生态系统服务：概念，方法与进展[J]. 地理科学进展，2014(4).
41. 张学义，彭成伦. 大数据技术的哲学审思[J]. 科技进步与对策，2016(13).
42. 潘建红，曾翠，李俊. 中国科技发展与伦理变迁的脉络探析[J]. 西北农林科技大学学报(社会科学版), 2011(5).
43. 朱晨荻. 强渗透和弱渗透——科学认知过程中的“观察渗透理论”[J]. 自然辩证法研究, 2009(12).
44. 徐竹. 具体情境下的“经验”概念——从对“观察渗透理论”命题的批判说起[J]. 自然辩证法研究, 2006(6).
45. 刘红. “数据—理论—观测—现象”四元论——对数据客观性和精确性的探讨[J]. 自然辩证法研究, 2014(2).
46. 徐锐. 论我国人工智能的伦理规范建设[J]. 岭南学刊, 2019(1).
47. 周程, 和鸿鹏. 人工智能带来的伦理与社会挑战[J]. 人民论坛, 2018(2).
48. 刘宪权. 人工智能时代机器人行为道德伦理与刑法规制[J]. 比较法研究, 2018(4).
49. 张韬略, 蒋瑶瑶. 德国智能汽车立法及道路交通法修订之评介[J]. 德国研究, 2017(3).
50. 陈静. 科技与伦理走向融合——论人工智能技术的人文化[J]. 学术界, 2017(9).
51. 王成. 人工智能法律规制的正当性、进路与原则[J]. 江西社会科学, 2019(2).
52. 吴汉东. 人工智能时代的制度安排与法律规制[J]. 法律科学, 2017(5).
53. 曾炜. 人工智能的全球规制[J]. 检察风云, 2019(16).
54. 王军. 人工智能的伦理问题: 挑战与应对[J]. 伦理学研究, 2018(4).
55. 汪婧. 发展人工智能须把好法律关[J]. 人民论坛, 2018(29).
56. 任希全. 人工智能之于法律的可能影响[J]. 人民论坛, 2018(18).
57. 季卫东. 人工智能开发的理念、法律以及政策[J]. 东方法学, 2019(5).
58. 汪庆华. 人工智能的法律规制路径: 一个框架性讨论[J]. 现代法学, 2019(2).
59. 刘洪华. 人工智能法律主体资格的否定及其法律规制构想[J]. 北方法学, 2019(4).
60. 刘颖. 人工智能的法律与伦理[J]. 科技与金融, 2018(12).

61. Sergio Ferraz, Victor Del Nero. 人工智能伦理与法律风险的探析[J]. 科技与法律，2018(1).

62. 王孝龙. 生命科学浅论[J]. 商情，2018(2).

63. 曾军.《三体》的"Singularities"或科幻全球化时代的中国逻辑[J]. 文艺理论研究，2016(1).

64. 李昊.《三体》与宇宙社会学视野下的三个不可能性[J]. 西南交通大学学报(社会科学版)，2017(6).

65. 温新红. 人工智能如何"德才兼备"[N]. 中国科学报，2018-07-06(6).

66. 郜小平. 人工智能是否拥有独立人格？[N]. 南方日报，2018-11-1(1).

67. 李佳霖. 人工智能产业立法当加速[N]. 经济日报，2018-05-08(9).

68. 郑志峰. 警惕算法潜藏歧视风险[N]. 光明日报，2019-06-23(7).

69. 韩业庭. 人工智能会取代人类的艺术创造力吗[N]. 光明日报，2019-06-12(13).

70. 葛虹局. 论中国当代科幻小说中的现代性反思[D]. 广西师范学院，2014.

71. Clarke A, Margetts H. Governments and Citizens Getting to Know Each Other Open, Closed, and Big Data in Public Management Reform[J]. Policy & Internet, 2014, 6(4).

72. Johan P Olsen. Maybe It Is Time to Rediscover Bureaucracy[J]. Journal of Public Administration Research and Theory: J-PART, 2006(1).

73. Bainbridge W S, Roco M C. Managing nano-bio-info-cogno Innovations[M]. Springer Netherlands, 2006.

74. Bruce D M. A Social Contract for Biotechnology: Shared Visions for Risky Technologies?[J]. Journal of Agricultural & Environmental Ethics, 2002, 15(3).

75. Ezrahi Y, Grove-White R, Robins R, et al. Controlling Biotechnology: Science, Democracy and "Civic Epistemology"[J]. Metascience, 2008(17).

76. Gerasimova K. Advocacy Science: Explaining the Term with Case Studies from Biotechnology[J]. Science & Engineering Ethics, 2017, 24(3).

77. Gupta N, Fischer R H, Frewer L J. Ethics, Risk and Benefits Associated with

Different Applications of Nanotechnology: a Comparison of Expert and Consumer Perceptions of Drivers of Societal Acceptance[J]. NanoEthics, 2015, 9(2).

78. Hays S A, Robert J S, Miller C A, et al. Nanotechnology, the Brain, and the Future[M]. Springer Netherlands, 2013.

79. Jeffery S. The Posthuman Body in Superhero Comics [M]. Palgrave Macmillan, 2016.

80. Kantak K M, Wettstein J. Cognitive Enhancement[M]. Springer Cham, 2015.

81. Levidow L, Carr S. How Biotechnology Regulation Sets a Risk/Ethics Boundary [J]. Agriculture and Human Values, 1997, 14(1).

82. O'Mathúna D P. Bioethics and Biotechnology[J]. Analytic Philosophy, 1996, 37(1).

83. Patra D, Haribabu E, Mccomas K A. Perceptions of Nano Ethics among Practitioners in a Developing Country: A Case of India[J]. NanoEthics, 2010, 4(1).

84. Rip A, Lente H V. Bridging the Gap between Innovation and Elsa: the Ta Program in the Dutch Nanord & Program Nanoned[J]. Nanoethics, 2013(7).

85. Thompson P B. Food Biotechnology in Ethical Perspective[M]. Dordrecht: Springer, 2007.

86. Abrams M H. The Mirror and the Lamp: Romantic Theory and the Critical Tradition[M]. Oxford: Oxford University Press, 1981.

87. Bignami G, Sommariva A. The Future of Human Space Exploration[M]. London: Palgrave Macmillan, 2016.

88. Brandau D. Demarcations in the Void: Early Satellites and the Making of Outer Space[J]. Historical Social Research, 2015, 40(1).

89. Dickens P, Ormrod J S. Cosmic Society: Towards a Sociology of the Universe [M]. Abingdon, Oxon, UK: Routledge, 2007.

90. Dickens P. The Cosmos as Capitalism's Outside[J]. Sociological Review, 2009, 57(s1).

91. Durkheim E. The Elementary Forms of the Religious Life[M]. London: Allen & Unwin, 1915.

92. Geertz C. From the Natives' Point of View[J]. American Academy of Arts and Sciences Bulletin, 1974(28).

93. Lovejoy A. The Great Chain of Being[M]. Cambridge, MA: Harvard University Press, 1960.

94. Parsons T. Societies: Evolutionary and Comparative Perspectives [M]. Englewood Cliffs, NJ: Prentice-Hall, 1966.

95. Tymieniecka A T. Phenomenology and the Human Positioning in the Cosmos: The Life-World, Nature, Earth(Book One)[M]. Dordrecht: Springer, 2013.

96. Urry J. The Tourist Gaze: Leisure and Travel in Contemporary Societies[M]. London: Sage, 2002.

97. Don Ihde. Instrumental Realism: the Interface between Philosophy of Science and Philosophy of Technology [M]. Bloomington: Indiana University Press, 1991.

后　记

目前一些高校陆续开设了“科技与社会”及相关公共选修课程，为了使大学生了解科技领域的前沿问题，认识现代科技与社会的关系，树立良好的科技观，提升科学与人文素质，我们结合教学和研究中的一些思考编著了本书。在编著过程中，既注重理论提炼，力求保持本书的学术性与系统性，又尽可能地面向教学实践，体现教材的针对性与实用性。

本书由潘建红教授任主编，并对全书的框架进行设计与统稿等工作，徐学伟副教授任副主编参与统稿工作。来自多所高校的长期从事科技与社会相关领域教学与研究的教师担任了具体的编写工作，具体分工如下：第一章(北京科技大学潘建红教授)；第二章、第四章(北京航空航天大学张正清博士)；第三章(北京科技大学于国辉博士)；第五章(北京科技大学潘建红教授)；第六章(北京物资学院王彬彬博士)；第七章(北京科技大学毕丞副教授)；第八章第一、第二节(武汉理工大学徐学伟副教授)，第八章第三节(北京科技大学潘建红教授)。需要说明的是，因为出自不同的编著者，各章的写作风格等方面有所不同，希望读者谅解。

在编写过程中，杨利利、王梦瑶、牛利娜等参与了本书资料的搜集、查询与整理等相关工作，历年选修这门课程的一些同学也参与了一些相关工作。在此，对他们的参与表示感谢！

本书编写的部分内容来自编著者前期一些已发表的相关成果或观点，我们力求能把编著者多年的相关研究能渗透到教学中去，实现教学与科研的深度结合。本书的编著者还学习、参考与引用了国内外许多学者、同行的专著与论文，在此，非常感谢他们的真知灼见！

本书得到北京科技大学校级规划教材项目资助，特此表示感谢！

在本书付梓之际，谨向所有在本书写作与出版过程中给予关心、支持与帮助的领导、老师、朋友及学生表示最诚挚的谢意！

由于编著者水平有限，加上时间较为仓促，书中错误在所难免，恳请广大读者批评、指正！

编著者

2020 年 12 月